出題傾向と模範解答でよくわかる!

自衛官試験のための論作文術

【改訂版】

つちや書店

まえがき

この本は、これから自衛官試験を受けるみなさんが、小論文試験対策を効率よくマスターすることを目指してつくられたものです。小論文試験は受験者の教養や内面的資質などを問うもので、一朝一夕で習得することは難しいとされています。それを「これ1冊」で完結できるよう、本書には次のような工夫が凝らされています。

まず第一に、過去の小論文試験で出題された問題を徹底的に分析し、よく出るテーマを絞り込みました。それを第5章と第6章で扱い、模範解答を提示しています。これらのテーマは頻出ですから、試験本番でも出題される可能性があります。第5章と第6章を予想問題と考え、与えられたテーマについてどんな内容をどのように展開すればよいのか、頭に入れておきましょう。

次に、本書はみなさんが少しずつ着実に小論文試験対策をマスターしていただけるような構成になっています。第1章と第2章では、自衛官の小論文試験がどのようなものであるかを示し、第3章と第4章では、小論文を実際に書くための下準備を展開しています。そのうえで、第5章と第6章では、過去問をもとにした予想問題26題を例題として、解答例を導き出しています。スモール・ステップで一つひとつ階段を上がっていく章立てになっていますから、ぜひとも最後の第6章まで到達していただきたいと思います。

本書のもう一つの特徴として、第5章では「良い例」と「悪い例」の二つを並べ、「悪い例」のどこが悪いのか、それを改善するとどうなるのかをわかりやすく示しています。これにより、小論文試験において避けたほうがよいこと、評価の対象となることの基準がはっきりしてきます。本書を1冊読破すれば、試験本番で高得点をねらう自信がつくことを確信しています。

みなさんのご健闘をお祈りしています。

つちや書店編集部

出題傾向と模範解答でよくわかる！

自衛官試験のための論作文術 改訂版

CONTENTS

第1章 自衛官試験の概要

第2章 過去問分析

第3章　できる小論文とは？

CONTENTS

CONTENTS

第6章 実践問題

CONTENTS

自衛官試験の概要

- 自衛官とは
- 自衛官候補生、一般曹候補生
- 自衛官採用試験の内容
- 自衛官採用試験の日程と募集人員

本章では、自衛官試験の全体像を明らかにし、その中で小論文試験がどのように位置づけられているのかを示します。

第1章 自衛官試験の概要

1. 自衛官とは

自衛官とは、防衛省の特別職の職員のうち自衛隊で働く者のことをいいます。

自衛官は国の安全と平和を守るという特殊な任務を負っているため、一般の公務員とは異なり、

国家公務員法に基づいて**特別職の国家公務員**と定められています。

防衛省職員の組織図

- 防衛省職員
  - 特別職
    - 防衛大臣
    - 防衛副大臣
    - 防衛大臣補佐官
    - 防衛大臣政策参与
    - 防衛大臣政務官
    - 定員内
      - 防衛大臣秘書官
    - 自衛隊の隊員
      - 定員内
        - 防衛事務次官
        - 防衛審議官
        - 書記官等
        - 事務官等
        - **自衛官**
      - 定員外
        - 予備自衛官
        - 即応予備自衛官
        - 予備自衛官補
        - 防衛大学校学生
        - 防衛医科大学校学生
        - 陸上自衛隊高等工科学校生徒
        - 非常勤職員
  - 一般職
    - 定員内
      - 事務官等
    - 定員外
      - 非常勤職員

●募集種目

自衛官の募集種目には、次のようなものがあります。

募集種目
幹部候補生
医科・歯科幹部
技術海上・技術航空幹部
陸上自衛官（看護）
技術海曹・技術空曹
航空学生
看護学生
一般曹候補生
自衛官候補生
防衛大学校学生
防衛医科大学校学生
自衛隊生徒
貸費学生
予備自衛官補

本書では、このうち一般に「自衛官」として広く募集が行われている「**一般曹候補生**」と「**自衛官候補生**（3か月間の教育訓練終了後、2等陸・海・空士）」について、詳しく解説していきます。

●自衛官の階級

自衛官は16の階級に分かれています。「士」も「曹」もその階級のひとつです。さらに、自衛官は所属する部隊によって「**陸士**」「**海士**」「**空士**」に分かれます。**陸士**（陸上自衛官）とは陸上自衛隊で働く自衛官のこと、**海士**（海上自衛官）とは海上自衛隊で働く自衛官のこと、**空士**（航空自衛官）とは航空自衛隊で働く自衛官のことを指します。

次ページの表は、自衛官の階級構成図です。

自衛官の階級構成

16階級	共通呼称	階級名	部隊			
			陸上自衛隊 ［陸士］	海上自衛隊 ［海士］	航空自衛隊 ［空士］	
1	幹部	将官	陸上幕僚長	海上幕僚長	航空幕僚長	階級上位
			陸将	海将	空将	
2			陸将補	海将補	空将補	
3		佐官	1等陸佐	1等海佐	1等空佐	
4			2等陸佐	2等海佐	2等空佐	
5			3等陸佐	3等海佐	3等空佐	
6		尉官	1等陸尉	1等海尉	1等空尉	
7			2等陸尉	2等海尉	2等空尉	
8			3等陸尉	3等海尉	3等空尉	
9	准尉		准陸尉	准海尉	准空尉	
10	曹士	曹	陸曹長	海曹長	空曹長	
11			1等陸曹	1等海曹	1等空曹	
12			2等陸曹	2等海曹	2等空曹	
13			3等陸曹	3等海曹	3等空曹	
14		士	陸士長	海士長	空士長	
15			1等陸士	1等海士	1等空士	
16			2等陸士	2等海士	2等空士	階級下位
自衛官候補生	※採用後、3か月間の訓練終了後、2等陸・海・空士に任官される					

2. 自衛官候補生、一般曹候補生

「**自衛官候補生**」は、採用後、３か月間の教育訓練を受け、修了後に2等陸・海・空士に任官される任期制自衛官の採用枠です。陸士は一年九か月（一部技術系は二年九か月）、海士・空士は二年九か月を一任期として勤務し、任期を終えると、退職するか引き続き勤務するかを選択できるようになっています。任期を満了して退職する際には、退職金も支払われます。

一方、「**一般曹候補生**」は非任期制自衛官の採用枠で、平成十九年度から開始された新たな募集種目です。以前は「一般曹候補学生」と「曹候補士」という募集種目があったのですが、これが統合されて、新たに「一般曹候補生」という募集種目ができました。「一般曹候補生」は「士」の上に立つ「曹」を養成する制度で、入隊後二年九か月以降、選考により3曹に昇進することができます。

自衛官候補生	任期制自衛官。曹になるには選抜試験を受ける必要がある。
一般曹候補生	非任期制自衛官。二年九か月後、選抜により曹に昇進。

「自衛官候補生」と「一般曹候補生」の違いは、簡単にいえば、「自衛官候補生」が契約社員で、「一般曹候補生」が正社員にあたります。ただし、最初から「曹」を目指す場合や、長く自衛隊で働きたいという場合には、「一般曹候補生」を受験したほうがよいでしょう。

当然のことですが、試験の難易度は、「自衛官候補生」よりも「一般曹候補生」のほうが高くなっています。

それぞれの受験資格ですが、「自衛官候補生」「一般曹候補生」ともに、次の資格を満たしている必要があります。

① 日本国籍を有する者
② 十八歳以上、三十三歳未満の者

3．自衛官採用試験の内容

自衛官として勤務するには、国家試験を受験して合格する必要があります。

採用試験の内容は、次のとおりです。

自衛官候補生	一般曹候補生
・筆記試験（中学卒業程度の国語、数学、地理歴史、及び公民の試験）と作文 ・口述試験 ・適性検査 ・身体検査、及び経歴評定	〈一次試験〉 ・筆記試験（高校卒業程度の国語、数学、英語の試験）と作文 ・適性検査 〈二次試験〉 ・口述試験　・身体検査

また、身体検査の合格基準は次のようになっています。

身長	男子は一五〇センチメートル以上、女子は一四〇センチメートル以上のもの。
体重	身長と均衡を保っているもの。
視力	両側の裸眼視力が０・６以上、または矯正(きょうせい)視力が０・８以上であるもの。
色覚	色盲または強度の色弱でないもの。
聴力	聴力正常であるもの。
歯	多数のウ歯（虫歯）または欠損歯（治療を完了したものを除く）のないもの。
その他	身体健全で慢性疾患、感染症に罹患してないもの。また、四肢関節等に異常のないもの。開腹手術の既往歴のないもの。刺青のないもの。自殺企図の既往歴のないもの。妊娠中でないもの。躁うつ病等の精神疾患のないもの、または既往歴のないもの。

４．自衛官採用試験の日程と募集人員

自衛官採用試験の日程は、例年ほとんど変わりません。参考までに、令和五年度の日程と募集人員を掲載します。

		受付期間	試験日程
自衛官候補生	男子	年間を通じて受け付けている。	**〈試験日程〉** 受付時に連絡。 **〈合格発表〉** 試験時に連絡。
	女子	年間を通じて受け付けている。	**〈試験日程〉** 受付時に連絡。 **〈合格発表〉** 試験時に連絡。
一般曹候補生		第1回：3月1日～5月9日 第2回：7月1日～9月5日 第3回：9月6日～11月30日 ※第1回及び第2回で採用予定数を満たせる場合、第3回は実施しない場合がある。	**〈試験日程〉** 第1回一次：5月19日～28日 二次：6月17日～7月2日 第2回一次：9月15日～24日 二次：10月14日～11月5日 第3回一次：12月9日～14日 二次：令和6年1月6日～14日 ※いずれか1日を指定される。 **〈合格発表〉** 第1回一次：6月8日 最終：7月20日 第2回一次：10月5日 最終：11月24日 第3回一次：12月22日 最終：令和6年1月29日

募集人員

陸士　約五，〇〇〇名
海士　約　九五〇名
空士　約一，七〇〇名
※参考：令和4年度

陸士　約　七五〇名
海士　約　二〇〇名
空士　約　六〇〇名
※参考：令和4年度

陸士　約四，〇〇〇名
（うち女子　約五〇〇名）
海士　約一，五八〇名
（うち女子　約二〇〇名）
空士　約一，四〇〇名
（男女の区分なし）
※参考：令和4年度

「自衛官候補生」の場合、男女とも年間を通じて募集が行われています。「一般曹候補生」の場合は、年に3回募集が行われていますが、2回で採用予定数を満たせる場合、第3回は実施しない場合があります。

採用倍率については、令和四年度で、「自衛官候補生」は男子が5・9倍、女子が6・1倍ですが、年度によって多少の変動があります。また、陸・海・空士の志願区分によっても違ってきます。「一般曹候補生」の令和四年度の倍率は、男子で3・9倍、女子で4・5倍でしたが、こちらも年度や志願区分によって変動します。

資料等の請求ついては、募集コールセンターもしくは各都道府県に設置されている地方協力本部に問い合わせましょう。防衛庁の自衛官募集ホームページ（https://www.mod.go.jp/gsdf/jieikanbosyu/recruit/index.html）から資料をダウンロードすることもできます。毎年変わることもあるので、詳細については、必ず確認しましょう。

過去問分析

- 小論文試験の出題内容
- 小論文試験の傾向と対策

本章では、これまで実際に出題された問題を分析し、小論文試験の傾向と対策を探っていきます。

第2章　過去問分析

1. 小論文試験の出題内容

自衛官採用試験では、ほとんどの募集種目において、筆記試験のほかに、小論文（作文）試験が課されていますが、いったいどのような問題が出題されているのでしょうか。

本章では、自衛官採用試験の小論文試験の過去問をひもとき、その傾向と対策を論じていきます。

まずは、自衛官採用試験の小論文試験の時間と字数を確認しておきましょう。

小論文試験の時間と字数は、次のとおりです。

・試験時間　　三〇分
・字数　　約五〇〇～七〇〇字

次に知っておきたいのは、小論文でどのようなテーマが出題されるかですが、これは募集種目によって傾向が異なります。試験の対策を講じるにあたっては、それぞれの募集種目で過去にどんなテーマで出題されたのかを分析し、その傾向を把握することが重要となってきます。

実際に「自衛官候補生」と「一般曹候補生」の採用試験で、これまで出題された小論文試験のテーマには、次のようなものがありました。

〈自衛官候補生〉

・他人への思いやりについて、あなたが思っていることをわかりやすく書いて下さい。
・自衛隊の国際貢献に関し、知っていること、感じたことをわかりやすく書いて下さい。
・団体生活において気をつけなければいけないことについて、あなたが思っていることをわかりやすく書いて下さい。
・自ら意見を言うことの大切さについて、あなたが思っていることをわかりやすく書いて下さい。

〈一般曹候補生〉

・あなたの理想とするリーダー像について思うところを述べなさい。
・社会人としてのモラルについて思うところを述べなさい。
・時間を守ることの大切さについて思うところを述べなさい。
・国を守ることの大切さについて、あなたが思うところを述べなさい。

参考までに、かつて「一般曹候補学生」や「曹候補士」（どちらも現在は廃止され、一般曹候補生として運用されている）、その他の募集種目で出題されたテーマを挙げておきます。

これまで、「有事に対する備え」「環境問題」「最近心に残った社会的出来事」「インターネットが社会に及ぼす功罪」「曹候補士を受験した動機と抱負」「責任を持つことの重要性」「公共の場におけるマナーの大切さ」などが出題されていました。

2．小論文試験の傾向と対策

こうして過去に出題されたテーマを並べて見てみると、小論文試験のテーマには三つのパターンがあることが見えてきます。

【分類1】　個人的な事柄に関する出題
【分類2】　時事的な事柄に関する出題
【分類3】　専門的な事柄に関する出題

では、それぞれのパターンについて、詳しく見ていきましょう。

【分類1】個人的な事柄に関する出題

まず一つ目のパターンが「あなたの理想とするリーダー像」「受験した動機と抱負」「他人への思いやり」といった、**受験者の個人的な考えや思いについて書かせる**というものです。

出題されたテーマの例を見てもわかるように、「私の……」「自分の……」「あなたの……」といったように、個々人の考えや生き方といったものが問われています。

受験者の特性を知ろうという意図で出題されていることは明らかです。

対策

こうしたパターンの小論文の対策としては、まずは自己分析をすることです。

特別な対策をする必要はありませんが、自分のこれまでの人生や内面について深く掘り下げておけば、試験の際にあわてることなく取り組むことができるでしょう。

例えば、

・自分の長所　　　　・自分の短所
・自分の性格　　　　・自分が信条としていること
・最も感動したこと　・これまでの人生で頑張ってきたこと

などといった事柄について、あなたはすぐに答えることができますか？　試験の開始とともにこのようなことを考えていたのでは、時間が足りません。自衛官採用試験では口述試験もありますから、試験に臨む前にしっかりと自己分析をしておきましょう。

【分類2】時事的な事柄に関する出題

二つ目のパターンは、「環境問題」「最近心に残った社会的出来事」「インターネットが社会に及ぼす功罪」「公共の場におけるマナーの大切さ」など、**時事的な事柄について書かせる**というものです。環境問題や情報化社会の抱える問題などについては、さまざまな議論がなされているので、関心を持っている人も多いでしょう。公共の場におけるマナーの悪化なども、ニュースや新聞でよく取り上げられています。このような世間一般で話題となっている時事的な事柄が、小論文試験のテーマとして出題されることがあります。

傾向

近年、頻出している時事的なテーマは、次のとおりです。

・少子化について　　　　・高齢化について
・国際化について　　　　・情報化社会について
・女性の社会進出について　・ＬＧＢＴＱについて
・様々なハラスメント問題について
・科学技術（ＡＩやドローン等）の発展とそれが及ぼす論理的問題について
・地球温暖化などの環境問題について

小論文試験において、一部の限られた人間しか知らないようなことについて問われることは、まずありません。テーマとして挙げられているのは、マスメディアでよく話題になっているようなことです。つまり、問われているのは受験者の一般常識なのです。

対策

こうした時事的なテーマについて論じられるようになるには、日ごろから新聞やインターネットなどで新しい情報に注意しておくことが大切です。自衛官の活動には国際貢献にかかわるものもあります。自衛官を志す者として、国内外の動きには常に目を配っておきましょう。

【分類3】 専門的な事柄に関する出題

三つ目のパターンは、**専門的な事柄について書かせる**というパターンです。つまり、国防や自衛隊に関することが問われるのが三つ目のパターンの特徴です。例えば「自衛隊の国際貢献」や「有事に対する備え」などは、まさに自衛隊についての知識が問われているといえます。

傾向

このパターンは、自衛官という立場からさまざまな問題について受験者の考えを問うたり、自衛隊のあり方について論じさせたりするものです。なかでも、近年の自衛隊の活動の広がりについての出題が多く見受けられます。

・ロシアのウクライナ侵攻について

・中国や朝鮮半島との領土問題について

対策

このパターンの問題で、必要となってくるのが専門知識です。

例えば「自衛隊の国際貢献」や「有事に対する備え」などについて書くとき、専門的な知識があるかないかによって、小論文の説得力が違ってきます。この説得力の違いは、そのまま小論文試験の得点の違いとなります。

小論文試験の専門的な事柄に関する出題に必要となる知識については、第3章のSTEP3（50～62ページ）で詳しく述べていますので、参照してください。

また、近年の自衛隊の動きについて問われることもあるので、自衛官として働くうえで、自衛隊の活動に関する法律の成立や自衛隊の海外派遣、災害派遣などといった動きについてよく調べておくことが重要です。また、そうした動きについて自分がどう考えているのかを、一度整理しておく必要があるでしょう。

以上、過去に出題されたテーマを三つに分類して見てきました。

【分類1】個人的な事柄に関する出題
↓　まずは自己分析を！

【分類2】時事的な事柄に関する出題
↓　新聞やインターネットなどでニュースに目を配り、情報を得る！

【分類3】専門的な事柄に関する出題
↓　国防や国際貢献など自衛隊に関する専門知識を身につける！

小論文試験は一夜漬けでどうにかなるものではありません。日々の積み重ねがものをいいます。試験に向けて、日ごろからしっかり取り組んでいきましょう。

できる小論文とは？

- 「小論文」の定義
- 小論文試験で試される能力
- 小論文試験のチェック項目
- STEP1 文章を書く能力を身につける
- STEP2 個性・パーソナリティをアピールする
- STEP3 知識に裏づけられた文章を書く

本章では、小論文試験において受験者の何が評価されるのかを説明し、「できる小論文」とは何かを明らかにします。

第3章　できる小論文とは？

●「小論文」の定義

小論文は「小さな論文」と書きますが、まさにそのとおりで、何かを論じてこそ「小論文」といえます。つまり、意見や感想を脈絡なくただ書いたとしても、小論文[※]とはいえません。したがって、そのような文章では小論文試験において合格点を取ることもできないのです。

小論文＝小さな、理論立てて書かれた文章

※一般に、「作文」は理論立てた文章というよりも、受験者の経験に基づく意見や感想文に近いものといえます。自衛官採用試験は「作文」という名称になっていますが、内容は「小論文」に近いものであるため、本書では「小論文」という名称を用いています。

では、合格点の取れる小論文とはいったいどのようなものなのでしょうか。

本章では、小論文試験で受験者が何を試されているのかを確認するとともに、合格に近づくための小論文のポイントや書き方のルールなど、「できる小論文」とは何かを解説します。

ではさっそく、「できる小論文」のポイントを一つずつ分析していきましょう。

●小論文試験で試される能力

そもそも小論文試験は何のために課されるのでしょうか。

各自治体によって多少の違いはありますが、小論文試験で試される内容は、次のとおりです。

> 小論文試験 ＝ 自衛官として必要な文章による表現力、判断力、思考力等についての筆記試験

この「自衛官として必要な文章による表現力、判断力、思考力等」とは、文章によって自分の考えを表現できるか、さまざまな事象に対して適切な判断を下すことができるか、さまざまな物事について自分の考えを持っているかといったことです。

要するに、**①文章を書く能力**、**②個性・パーソナリティ**、**③知識**が問われているといえます。

この三つをうまくアピールしてこそ合格点の取れる小論文を書くことができるのです。

では、それらが小論文試験においてどのように評価されているのか、具体的に見ていきましょう。

①文章を書く能力 → 形式面 でチェック！
②個性・パーソナリティ
③知識 → 内容面 でチェック！

●小論文試験のチェック項目

形式面

- □原稿用紙を正しく使って書けているか？ → STEP1
- □誤字・脱字のない正しい文章が書けているか？ → STEP1
- □読みやすい字で丁寧に書けているか？ → STEP1
- □文章語（書き言葉）で書けているか？ → STEP1
- □正しい文法で書けているか？ → STEP1
- □文章は読みやすく書けているか？ → STEP1
- □文章の組み立てを考えて書けているか？ → STEP1

内容面

- □ 前向きな印象を与えるものになっているか？ → STEP2
- □ 自衛官にふさわしい内面的資質が備わっているか？ → STEP2
- □ 自分の考えを明らかにして、独創的に論じているか？ → STEP2
- □ 職務に就くうえで必要な知識を有しているか？ → STEP3
- □ 出題の意図を正しく理解しているか？
- □ 文章の流れは一貫したものになっているか？
- □ 具体的な例を挙げるなどして、客観的に書けているか？
- □ 問題点を明らかにして論じているか？
- □ 問題に対する具体的な解決策を提示できているか？

（出題の意図〜解決策の5項目 → 第4章）

本章では、右に挙げたチェック項目を一つひとつクリアして、「できる小論文」を書き上げるために必要な技術と知識を探っていきます。

形式面にかかわる「①文章を書く能力」については本章STEP1で、内容面にかかわる「②個性・パーソナリティ」についてはSTEP2で、「③知識」についてはSTEP3と第4章で詳しく説明していきます。

STEP 1

文章を書く能力を身につける

1 原稿用紙に正しく書く

原稿用紙に正しく書けていなければ、減点の対象になります。正しい原稿用紙の使い方を復習しておきましょう。ただし、答案用紙の様式は、罫線が引かれただけのものや何もない白紙などさまざまです。

本書では、原稿用紙を基準にして説明していきますが、基本的に書き方のルールは変わりません。

　必ずしも「努力」という言葉は、ポジティブなイメージばかりあるというわけではなく、特に最近は努力を軽視する風潮があると思う。以前は私も「努力」という言葉があまり好きではなかった……。いくら努力しても結果がついてくるとは限らないし、もしも思い描い

2 正しい文章を書く

小論文試験において、誤字や脱字がある答案は論外です。必ず見直しをして、誤りがないようにしましょう。

また、読みにくい字やつづけ字、略字なども避けましょう。文章は、楷書で書くようにします。

	×	○
〈誤字〉	保健を適用すべきだ。	保険を適用すべきだ。
〈脱字〉	自分なり考えている。	自分なりに考えている。
〈略字〉	人向性が問われる。	人間性が問われる。
	才一に思っている。	第一に思っている。
〈楷書〉	行政の責任となる。	行政の責任となる。

3 文章語（書き言葉）で書く

小論文を書くにあたっては、流行語や略語、口語（話し言葉）を避けて、文章語（書き言葉）を用いるようにしましょう。普段の会話で使っているような口語表現は、採点者に軽薄な印象を与えてしまう可能性があります。

〈流行語〉×超真剣に取り組んだ。　○とても真剣に取り組んだ。
〈略語〉×TVには弊害がある。　○テレビには弊害がある。
×スマホは必要ない。　○スマートフォンは必要ない。
〈口語〉×大変だなぁと思う。　○大変であると思う。
×決まりだから、守るべきだ。　○決まりなので、守るべきだ。

このほか、小論文試験で気をつけたいのが文体です。

小論文はあくまでも論文であり、何かを論じるという文章においては「です・ます」調（敬体）よりも、「だ・である」調（常体）のほうがふさわしいといえるでしょう。

また、明らかに背伸びしたような理屈っぽい文体、エッセイ風の文体も避けましょう。

小論文試験では、論旨が分かりやすい文章であると採点者に良い印象を与え高得点が期待できます。

- 文体は「だ・である」調で書く。
- 理論立てて素直に書くことを心がける。

4 文法的に正しく書く

小論文試験では、文法の誤りも減点の対象となります。文法上で間違いやすい例には次のようなものがあります。

〈助詞（て・に・を・は）の誤り〉　×　私が誠実でありたい。　○　は
〈動詞の不対応〉　×　私はその論を賛成する。　○　支持する
〈副詞の不対応〉　×　あえて深刻だ。　○　きわめて
〈主語・述語の不対応〉　×　法律の改善が必要とする。　○　される

また、「私が最近興味を持っているのは、スローライフという考えに興味を持っています。」といった、主語・述語が対応しない文章では、いったい何について論じているのかがわかりにくいため、主語を明らかにすることも大切です。

呼応の副詞

ある語句が前にあると、それに対して、あとに決まった語句がくることがあります。これを「呼応の副詞」といいます。呼応の副詞は、文末表現に気をつけるようにしましょう。

打消	決して～ない。
推量	たぶん～だろう。
打消の推量	よもや～まい。
疑問	なぜ～か。
仮定	もし～ならば
願望	どうぞ～ください。
比況(ひきょう)	まるで～ようだ。
断定	きっと～だ。

5 文章は読みやすく書く

わかりやすい文章の基本は「５Ｗ１Ｈ」がはっきりしていることです。つまり、「いつ」「どこで」「だれが」「何を」「なぜ」「どのように」したのかを、明らかにすることが大切です。

When	いつ
Where	どこで
Who	だれが
What	何を
Why	なぜ
How	どのように

さて、みなさんは次の文章を読んで、どのような印象を受けるでしょうか。

私の夢。それは自衛官になること。子どもたちの笑顔。それは何よりの宝物だ。だからこそ、努力するのだ。この国の平和と安全を守るために。

個性的な文章ではありますが、体言止めが多すぎますし、倒置法なども用いられており、読みやすい文章とはいえません。読みやすい文章を書くためには、文学的なテクニックを多用するのは避けたほうが無難でしょう。

- 体言止めを多用しない。
- 倒置法を用いない。
- 比喩表現を多用しない。
- 長すぎる修飾語を用いない。
- 一文を長くしすぎず、簡潔にまとめる。

6 文章の組み立てを考えて書く

よほど理路整然とした思考の人でない限り、思いついたままを原稿用紙に書き始めたのでは、論旨があちらこちらへ飛躍したり、規定の文字数に収まらなかったりして、合格の基準に達する小論文にはなりません。

小論文では、あらかじめ文章の組み立てを考えて書く必要があります。文章構成にはさまざまなパターンがありますが、

- ①「起→承→転→結」の四部構成
- ②「序論→本論→結論」の三部構成

のどちらかにするのが、八〇〇字程度の小論文としては効果的でしょう。

①「起→承→転→結」の四部構成のパターン

起	問題提起	全体の10％
承	意見の提示	全体の30～40％
転	展開	全体の30～40％
結	結論	全体の10～30％

文章構成の「型」としてよく挙げられるのが、「起・承・転・結」の四部構成のパターンです。問題提起に始まり、第二段落で自分の意見を提示し、第三段落で話を展開して、最後の段落で結論を述べるという構成です。ただし、時間と字数に限りのある小論文試験では、話を展開して結論まで導くのは少し難しい場合もあります。

②「序論→本論→結論」の三部構成のパターン

序論	問題提起	全体の10〜20％
本論	意見の提示	全体の40〜70％
結論	結論	全体の20〜40％

問題提起に始まり、意見を提示して結論に導く、というのがこのパターンです。小論文試験においては、最もオーソドックスな型といえるでしょう。

このほか、結論から先に書き出すパターンなどもありますが、自分の考えを効果的にアピールするにはどのパターンが適しているか、個々のケースによって考える必要があります。小論文では、文章の構成が全体の印象を決めます。構成をしっかりと考えてから、文章を書くようにしましょう。

STEP 2

個性・パーソナリティをアピールする

小論文試験では、

① 文章を書く能力
② 個性・パーソナリティ
③ 知識

が問われていることは、前にも述べました（33ページ）。

では、その「個性・パーソナリティ」を小論文試験においてどのようにアピールしていけばよいのでしょうか。また、小論文試験で問われている「個性・パーソナリティ」とはいったいどのようなものなのでしょうか。

1 問われているのは内面的資質

個性やパーソナリティとは、個々人の人柄や価値観といったもののことです。「文は人なり」という言葉があるように、文章を見ればその人の人間性がわかるといいます。小論文を通して、受験者は自衛官に適した内面的資質を持っているかどうかを見られているのです。

個人の特性には良い点も悪い点もあるのが当然ですが、小論文は採用試験です。小論文では自分の良い点を採点者にアピールする必要があります。しかも、それを自衛官として必要とされる内面的資質にからめることが、重要なポイントになってきます。
したがって、まずは自衛官として必要とされている内面的資質とはどのようなものかを探っていきましょう。

前にも述べたように、小論文試験の内容は次のとおりです。

小論文試験＝
自衛官として必要な文章による表現力、**判断力**、**思考力**等についての筆記試験

- さまざまな事象に対して適切な判断を下すことができるか？
- さまざまな物事についてしっかりとした考えを持っているか？

小論文試験で、自らに「判断力」や「思考力」があることをアピールしたいところです。
また、さまざまな物事に対するしっかりとした考えを持つには、「知識」が土台として必要になります。知識のアピールの仕方についてはＳＴＥＰ３で述べていきます。

自衛官としての資質

受験者には自衛官として働くにふさわしいパーソナリティが求められています。自衛官として必要な資質をよく表しているのが、入隊時に朗読し署名捺印することが義務づけられている次の宣誓文です。

「私は、我が国の平和と独立を守る自衛隊の使命を自覚し、日本国憲法及び法令を遵守し、一致団結、厳正な規律を保持し、常に徳操を養い、人格を尊重し、心身を鍛え、技能を磨き、政治的活動に関与せず、強い責任感をもつて専心職務の遂行に当たり、事に臨んでは危険を顧みず、身をもつて責務の完遂に務め、もつて国民の負託にこたえることを誓います」

さらに、自衛隊法には自衛官として必要な義務が定められています。

- 指定場所に居住する義務（第55条）
- 上官の命令に服従する義務（第57条）
- 秘密を守る義務（第59条）
- 職務遂行の義務（第56条）
- 品位を保つ義務（第58条）
- 職務に専念する義務（第60条）

採点者にアピールしたい特性

これまでの点をふまえると、採点者にアピールしたい特性がおのずと明らかになってきます。

- 日本国憲法および法令を遵守することができる
- 国の平和と独立を守るために、身をもって責務を果たすことができる
- 命令（規律）に従う素直さ、従順さがある
- 品位を保つ真面目さがある
- 秘密を守る厳格さがある
- 職務に専念する忠実さがある

また、自衛隊という特殊な職場で働くうえで、

・一般常識がある　・論理的である　・協調性がある　・洞察力がある
・前向きである　・理解力がある　・積極的である　・視野が広い

といった内面的資質は評価の対象となります。

特に協調性は、団体行動が基本となる自衛隊で働くうえで不可欠な資質です。

ここまで見てきたなかで、採点者にアピールしたい特性がわかってきたかと思いますが、逆に採点者にアピールするのは避けたい特性もあります。

採点者にアピールを避けたい特性

× 自己中心的である　× 消極的である
× 無責任である　× 非常識である

たとえば、「責任について述べよ」という課題に対して、あなたに無責任なところがあるとしても、「私は無責任な人間である」などと正直に書く必要はありません。「私は責任感を持つことが重要であると考える」というように、前向きな姿勢をアピールするほうがよいでしょう。

もちろん、わざわざ自分の欠点を強調して書く人はいないでしょうが、人間性というものは言葉選びや行間からもにじみ出てしまうので、注意する必要があります。

2 独創性のある文章を書く

内容面にかかわるチェック項目（35ページ）の一つに、

自分の考えを明らかにして、独創的に論じているか？

というものがあります。小論文試験においては、自分の考えを自分の言葉で独創的に論じることができているかどうかが問われます。

たとえば、以下のような文章からは、受験者の個性やパーソナリティはおろか、独創性は感じられません。

- × 問題意識に欠ける安易な考えを述べている。
- × 世間でよくいわれているような一般論をおおげさに述べている。
- × 抽象的な表現ばかりで具体的な解決策を述べていない。
- × 他人の考えの請け売りにとどまり、自分の立場がはっきりしない。

小論文試験では「その人らしさ」が必要ですから、個性のない平凡な文章や他人の考え、請け売りでは好印象を与えることはできません。自分らしさの表現を心がけましょう。

STEP 3

知識に裏づけられた文章を書く

説得力のある文章を書くには、ある一定の知識が必要です。次の二つの例を見てみましょう。

A「わが国では、毎年膨大な防衛費が使われているそうだ」
B「わが国では、令和五年度には約六兆八二一九億円の防衛費が使われた」

AとBの文章で、どちらがより説得力のある文章かといえば、「約六兆八二一九億円」という具体的な数字を挙げているBの文章であることは明らかです。

説得力のある文章を書くには理由や根拠を具体的に示すことが重要ですが、「〜だから」の「〜」の部分は、背景知識がなければ書くことができません。つまり、知識がプラスされてこそ、説得力のある文章となるのです。

文章を書く能力　＋　知識　→　より説得力のある文章

小論文試験に必要な背景知識

小論文試験の出題テーマを分類していくと、次の三つに分かれることは第2章で述べました。このうち、【分類2】と【分類3】において背景知識が必要となります。

【分類1】個人的な事柄に関する出題 → 自己分析が必要
【分類2】時事的な事柄に関する出題 ┐
【分類3】専門的な事柄に関する出題 ┘ → 背景知識が必要

それぞれの分類について、小論文試験に必要な背景知識を確認していきましょう。

1 時事的な事柄についての背景知識

先に述べたとおり、自衛官試験の小論文採用試験においては、時事的なテーマが出題されることもあります。以下のようなテーマが、過去に出題されています。

・地球環境問題について
・働き方の変化について
・デジタル社会について

これらは、現代日本で社会人として働くために、常識として知っておいたほうがよいことばかりです。つまり、自衛官試験の小論文では、そういった常識的な事柄について問われる場合が多いということになります。これらのテーマについて、まずは現状を把握し、自分なりの考えをまとめておくようにしましょう。

○地球環境問題

温暖化問題が深刻になり、世界規模での対策が求められています。自衛官の職場においても、夏場のクールビズなどの取り組みが定着してきています。

地球温暖化

地球温暖化は、大気や海洋の温度が年々上昇していくという現象です。生態系への影響や、海面上昇による被害が懸念されています。原因となる温室効果ガスの排出量を抑制することが急務となっています。

SDGs

Sustainable Development Goals の略称で、「持続可能な開発目標」と訳されます。2030 年までに貧困、不平等・格差、環境問題など、世界のさまざまな問題を根本的に解決し、世界に住む人全員でよりよい世界を作っていくために達成するべき 17 の目標と 169 の達成基準が掲げられています。2015 年の国連総会で採択されました。

循環型社会

廃棄物を減らし、製品などの循環によって地球環境への負荷を少なくすることを目指す社会のことをいいます。循環型社会では、リデュース（消費抑制・生産抑制）、リユース（再使用）、リサイクル（再利用）の「３Ｒ」が推奨されます。

プラスチックごみ問題

自然界で分解されにくいプラスチックが不法投棄などにより自然界に流出し、海洋汚染を引き起こしている問題。５ミリメートル以下のマイクロプラスチックは回収がほぼ不可能といわれています。

○働き方の変化

昨今、少子化が進み、企業の働き方改革が進む中、防衛省においては、令和3年3月に「防衛省における女性職員活躍とワークライフバランス推進のための取組計画」を改定し、性別や育児・介護等の時間制約の有無に関係なく、ワークライフバランス推進のための働き方改革に取り組んでいます。

格差社会

社会を構成する人々の階層間に経済的、社会的な格差が存在し、その階層間での移動が困難な社会のことを「格差社会」といいます。近年、若年層での経済的格差が特に問題となっています。

働き方改革

過重労働によるうつ病や過労死を防ぐなど、働く人の視点に立って働き方を見直す取り組みのことです。内容は同一労働同一賃金、長時間労働の是正、女性や若者が活躍しやすい環境づくりなど多岐にわたります。ワークライフバランスの実現や労働生産性の向上を促し、経済に成長と分配の好循環が形成されることが期待されています。

女性の活躍支援

社会で活躍したいという希望を持つすべての女性が、その個性と能力を十分に発揮するための施策のことで、2015年に女性活躍推進法が成立、2019年に改正されました。企業には、男女間の固定的な役割分担意識に根差す制度や慣例によって生じる格差の解消が求められています。また、自衛官においても、働く意欲と能力のある女性が活躍できるようにワークライフバランスと女性職員の採用・登用のさらなる拡大が進められています。

介護離職問題

家族を始め、身近な人を介護するために仕事を辞めなければならない状態のことを介護離職といいます。介護・看護を理由に離職・転職する人は年間約10万人もいるといわれ、労働力不足や社会保険料などの公的損失に繋がるといわれています。政府は介護離職ゼロに向けて介護の受け皿の拡大や仕事と介護の両立が可能な働き方の普及などを進めています。

自衛官の雇用ルール

自衛隊は、精強さを保つため、50歳代半ば（任期制自衛官は20歳代半ば）で退職する若年定年制になっています。しかし少子化が進んで自衛官の確保が課題となる中、定年年齢の引き上げにより自衛隊の人材基盤の強化を図っています。また、退職予定自衛官の再就職を人事施策における最重要事項の一つとしてとらえ、再就職に有効な職業訓練や雇用情報の有効活用など、さまざまな就職援護施策を行っています。

○デジタル社会

デジタル技術の進展によりデータの重要性が飛躍的に高まる中、日本で世界水準のデジタル社会を実現することが目指されています。自衛隊では特に防衛目的のための情報収集などでドローンやＡＩ技術の進歩が重要になっています。

デジタル化の推進

コロナ禍で国内のデジタル行政の遅れが露呈したことをきっかけに、政府は2021年にデジタル庁を発足させました。マイナンバーカードの活用などで行政手続きをデジタル化させ、国民の利便性を向上させることを目指しています。また、自衛隊においても、電子決済化の推進だけでなく最先端の技術を防衛目的で活用することが重要と位置づけ、ドローンなどの無人機を用いた情報収集・警戒監視・物資輸送や、AI等を用いた指揮統制や次世代情報通信などの早期装備化の実現をめざしています。

メディアリテラシー

情報を使いこなす能力のことを、「メディアリテラシー」といいます。情報が氾濫（はんらん）する情報化社会においては、情報の真偽を判断し検証したうえで活用する能力が求められています。

○国際情勢

国際情勢とは、世界の国々や地域がどのような状態になっているか、どのような国際的な出来事が起き、そこから生じる変化や新たな動きのことを指します。国際社会の中の日本の自衛官としては、当然、知っておかなくてはいけないことです。

中国と台湾の関係

元々、中華民国だった中国は、1949年、中国共産党により「中華人民共和国」に変わりました。その時、台湾に逃れた中国国民党が「中華民国」として台湾を統治しましたが、中国は台湾を国としては認めていません。いずれは中央政府の支配下に置かれるべきだと考えています。一方で台湾は、独自の憲法を持つ独立国家を自認しています。中国の習近平国家主席は、「台湾統一」は必ず果たさなくてはならないことだとし、そのための武力行使の可能性を排除していないのが現状で、緊張状態が続いています。

北朝鮮の核弾頭ミサイル

北朝鮮が「最大の敵」とするアメリカの政権が変わり、国連の経済制裁の緩和にメドが立たない中、北朝鮮は2022年以降、核弾頭を載せて発射できるミサイルの開発推進をはじめとした軍事力の強化を推し進めています。軍事力や兵器において世界の主要国には到底及ばない北朝鮮が、最終的な切り札としてミサイルで核兵器を飛ばすということを考えているからです。2023年3月に公開された短距離ミサイルに搭載可能な小型核弾頭とみられる物体は、シミュレーションで行われてきた脅威が現実のものとなり、韓国や日本を核兵器で攻撃することが可能になったのです。

2 専門的な事柄についての背景知識

自衛官として働くうえで、自衛隊の活動に関する背景知識は押さえておかなければなりません。特に国の政策動向には注目しておく必要があります。ここでは、自衛隊の「国防」「災害派遣」「国際貢献」の三つの活動について詳しく見ていきます。

- 国防について
- 災害派遣について
- 国際貢献について

○国防

自衛隊は、一九五〇年に朝鮮戦争が勃発したことを受け、GHQ（連合国軍総司令部）の指令に基づいて組織された「警察予備隊」を始まりとしています。一九五二年には、「警察予備隊」が「保安隊」として改組されました。その後、一九五四年に自衛隊法が施行され、「わが国の平和と独立を守り、国の安全を保つため、直接侵略及び間接侵略に対しわが国を防衛することを主たる任務とし、必要に応じ、公共の秩序の維持に当る」（第三条）ことを目的に自衛隊が組織され、現在に至っています。

戦争の放棄

「戦争の放棄」とは、国家間の紛争の解決に武力を用いないことであり、日本国憲法第９条の第１項には次のように書かれています。「日本国民は、正義と秩序を基調とする国際平和を誠実に希求し、国権の発動たる戦争と、武力による威嚇又は武力の行使は、国際紛争を解決する手段としては、永久にこれを放棄する」また、憲法前文にも「平和を愛する諸国民の公正と信義に信頼して、われらの安全と生存を保持しようと決意した」と定められていることから、自衛のための戦争も含めた、すべての戦争を放棄しているのが通説となっています。

戦力の不保持

憲法第９条には、「前項の目的を達するため、陸海空軍その他の戦力は、これを保持しない」と書かれています。前項の目的とは「戦争の放棄」であり、自衛隊の存在は、戦力としての軍隊なのかどうか議論されています。しかし、日本には開戦や講和、統帥権や兵役などの戦争に関する規定（他国における軍事法）がなく、国内法においては軍隊と認められないものとなっています。

交戦権の否認

憲法第９条には、「国の交戦権は、これを認めない」とも書かれています。「交戦権」とは、国際法や日本国憲法では、「戦争を行う権利」や「交戦国・交戦団体に対して認められる権利」など様々な解釈があります。防衛省においては、戦いを交える権利ということではなく、交戦国が国際法上有する権利の総称としています。日本が自衛権の行使として相手国兵力の殺傷と破壊を行ったとしても、それは交戦権の行使とは別の観念のものとされ、交戦権の否認とは矛盾しないのです。

武力の行使

2014年に第二次安倍内閣は、集団的自衛権行使容認の閣議決定をしました。これは、日本が攻撃されていなくても自衛隊の海外での武力行使を可能にするものです。武力行使を認めるにあたって①密接な関係にある他国への武力攻撃が発生し、国民の生命・自由、幸福追求の権利が根底から覆される明白な危険がある②国民を守るために他に適当な手段がない③必要最小限度の実力行使。上記の3要件が規定されました。

専守防衛

憲法の精神（受動的な防衛戦略の姿勢）にのっとり、武力攻撃を受けたときに初めて防衛力を行使し、先制攻撃をしないというものです。防衛力の行使及び保持する防衛力は自衛のための必要最小限のものとします。

アメリカとの連携

日本の国防は、アメリカとの連携のもとに行われています。これは、1951年に締結され1960年に改定された「日米安全保障条約」に基づいています。日本が武力攻撃を受けたときにはアメリカは日本を守る義務を負うこと、日本は米軍が駐留するために施設・区域を提供することなどが定められています。

○災害派遣

自衛隊法では、自衛隊の災害派遣について「都道府県知事その他政令で定める者は、天災地変その他の災害に際して、人命又は財産の保護のため必要があると認める場合には、部隊等の派遣を防衛大臣又はその指定する者に要請することができる」（第八十三条第一項）と定めています。ただし、緊急の場合には自主派遣が認められています。

災害派遣

国内において、地震や風水害、火山の噴火や雪害などの自然災害、また、火災や海難・航空機事故などの際、地方公共団体や消防、警察などの能力だけでは対処しきれない事態において、陸海空自衛隊の部隊を派遣し、救助活動や感染症の予防活動などの救援活動を行う重要な任務です。東日本大震災はじめ、集中豪雨や火山の噴火など、数々の災害地で救援活動を行ってきました。

地震防災派遣

自衛隊法に基づいて行われる、大規模な地震が発生する恐れがある場合に行う自衛隊の活動のひとつで、防災活動支援のために部隊等が派遣されます。一般的な災害派遣は都道府県知事等が自衛隊の部隊長に要請するのに対して、地震防災派遣は内閣総理大臣が直々に要請します。現在、発令実績はありませんが、すでに自衛隊では、東海地震及び南海トラフ地震に対する防災派遣計画を作成しています。

原子力災害派遣

原子力災害の発生時に行われる自衛隊の支援活動で、これまでは、東日本大震災における福島の原子力発電所の事故に対応するための派遣要請が唯一の派遣実績になります。自衛隊は通常の災害派遣と同様に、被災者の救援活動や輸送支援などのほか、放射線や放射性物質の測定の実施、除染活動なども行うため、原子力防災訓練への参加も行われるようになりました。

○国際貢献

日本は従来、国際問題に対して自衛隊を派遣することなく、資金援助のみを行ってきました。しかし、冷戦の終結と湾岸戦争の勃発以来、このような日本の姿勢に対して国際的な非難が高まり、自衛隊の海外派遣が国会で審議されるようになったのです。その結果、国連の平和維持活動（国連ＰＫＯ、またはＰＫＯ）等に協力することを目的とした法律（ＰＫＯ協力法）が一九九二年に成立することになりました。

ソマリア沖・アデン湾における海賊対処

ソマリア沖・アデン湾の海域は、ヨーロッパとアジアを結ぶ航路の要衝であり、日本経済や国民生活に必要な物資の安定輸送にとって非常に重要な海域です。この海域に海賊事件が多発したため、2009年3月から海上自衛隊による護衛活動が開始されました。

ウクライナ被災民救援国際平和協力業務

国連難民高等弁務官事務所（ＵＮＨＣＲ）から、アラブ首長国連邦にあるＵＮＨＣＲの倉庫に備蓄された人道救援物資をウクライナ周辺国（ポーランド共和国及びルーマニア）に輸送してほしいとの要請があり、2022年5月から6月に自衛隊機により実施されました。

国際緊急援助活動

海外の地域、特に開発途上地域に於いて大規模な災害が発生又はその恐れがあり、被災国の政府等からの要請を受けた外務大臣からの協議があった場合、防衛大臣は自衛隊に国際緊急援助活動を実施させることができます。近年では2023年に発生したトルコ共和国での地震に際して、活動が行われました。

第4章

小論文を書くためのプロセス

- ブレインストーミング
- 構成を考えてメモにまとめる
- 書く
- 見直す

本章では、実際に小論文を書くにあたって必要な4つのプロセスを説明します。

第４章　小論文を書くためのプロセス

ここまで、小論文試験の過去問をひもとき、その傾向と対策、さらに「できる小論文」とは何かを見てきました。

それでは小論文は実際に、どのように書いていけばよいのでしょうか。

小論文試験ではテーマが与えられ、その課題に従って書いていくことになります。しかしここで、試験の開始と同時に原稿用紙に書き始めないよう注意しましょう。試験時間に制限があって焦る気持ちもあるでしょうが、原稿用紙にあわてて書き始めたとしても、〝書いては消し〟、〝書いては消し〟を繰り返すだけで、かえって時間の無駄になってしまいます。時間が制限されているからこそ、小論文試験では効率的に書く必要があるのです。

では、どうすれば効率よく書くことができるのでしょうか。

じつは、必要なのは、答案用紙に書き始める前の「下準備」なのです。具体的には、「ブレインストーミング」「構成を考える」「メモにまとめる」という作業です。

これらの作業が終わって初めて、原稿用紙に書き始めることができるのです。

そして、小論文試験では書きっぱなしは禁物です。書き終わったら、必ず文章を見直しましょう。

以上のことをまとめると、小論文を書くためのプロセスは次のようになります。

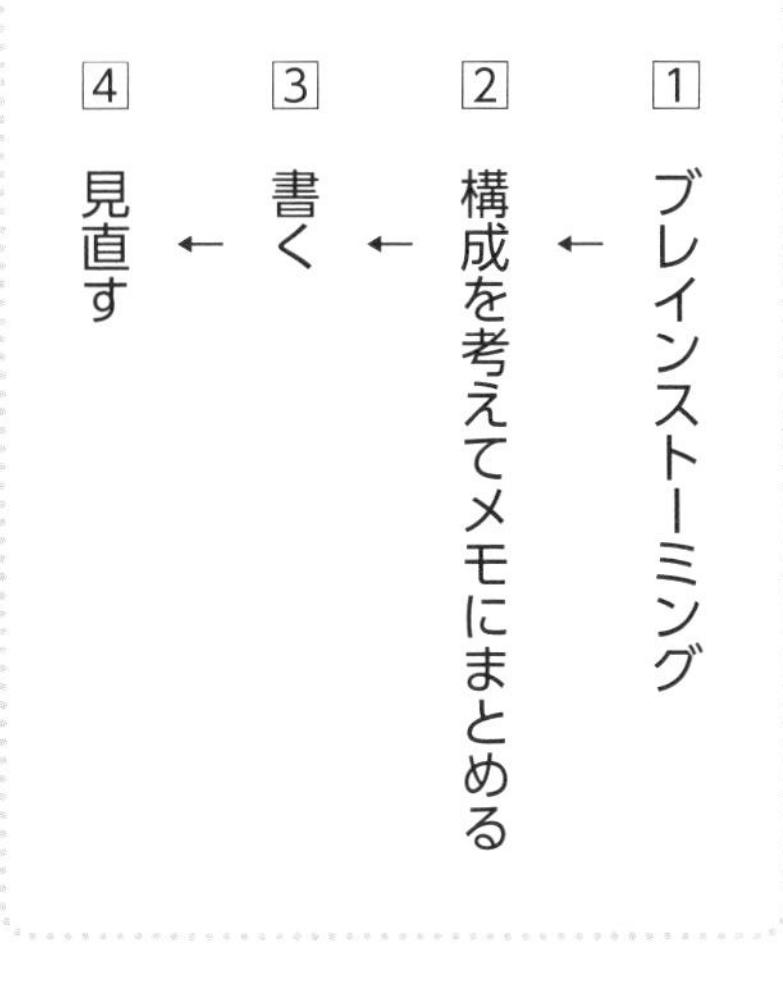

1 ブレインストーミング
↓
2 構成を考えてメモにまとめる
↓
3 書く
↓
4 見直す

この四つのプロセスを経て、小論文は完成するのです。

それでは続いて、それぞれのプロセスについて、どのような作業が必要とされるのかを見ていきましょう。

1 ブレインストーミング

小論文を書く際に最初にすべきなのが、「ブレインストーミング（brainstorming）」と呼ばれる作業です。

ブレインストーミングは、「集団発想法」と訳される会議の方法の一つで、五～十人でアイデアを出し合い、検討して発展させていくことを意味します。

ブレインストーミングとは

- 集団発想法
- 集団で会議をしてアイデアを出し合い、検討して発展させていく方法

しかし、小論文試験では実際に集団で会議を行うわけではありません。ここでいうブレインストーミングは、仮想世界のものです。自分の脳内で複数の視点からアイデアを出し、検討し、発展させていくということです。

個人の考えはひとりよがりなものになりがちです。そこで、いろいろな立場の意見を想定して検討する必要があるというわけです。

小論文のブレインストーミングは、一般的に次のような手順で行っていきます。

▼個人的な事柄に関する出題のブレインストーミング

①　与えられたテーマについて、個人的な体験をいくつか抽出する
②　いくつかの事例の中から、最もテーマにふさわしいものを選ぶ
③　複数のアイデアを出す
④　個人的な体験を普遍的な問題へと発展させていく

▼時事的な事柄・専門的な事柄に関する出題のブレインストーミング

①　与えられたテーマについて、定義を考える
②　最初から立場を決めず、肯定（賛成）と否定（反対）の両面から考える
③　複数の視点に立ってアイデアを出す
④　問題の原因や結果、背景を考える
⑤　問題の具体的な解決策を考える

ブレインストーミングの前提条件となる背景知識

具体的には、どのようにブレインストーミングを行っていけばよいのでしょうか。たとえば、小論文のテーマとして「高齢社会」が出題されたとします。その場合、まずは与えられたテーマについて、その定義をおさえておきましょう。そのためには「高齢社会」についての背景知識が必要です。背景知識がなければ、中身のある小論文は書けません。

（例）高齢社会

定義

総人口における高齢者（六十五歳以上の者）の占める比率（高齢化率）が14％を超えた社会。

事実

日本では二〇二二年の六十五歳以上の人口は三六二四万人。

高齢化率は約29・0％。

二〇〇〇年に介護保険法が施行され、老人介護は社会保険によって行われることになった。

問題

労働力人口の減少や社会保険料の負担増などが問題となっている。

ブレインストーミング① まずは書き出す

ブレインストーミングの第一段階です。まずは、「高齢社会」について思いつくことを書き出してみましょう。

この段階では、小論文で使えるか使えないかを考える必要はありません。納得がいかないことを書いてしまっても、消してきれいに書き直す必要もありません。とにかく、自分の頭の中にあるものをすべて書き出してみます。

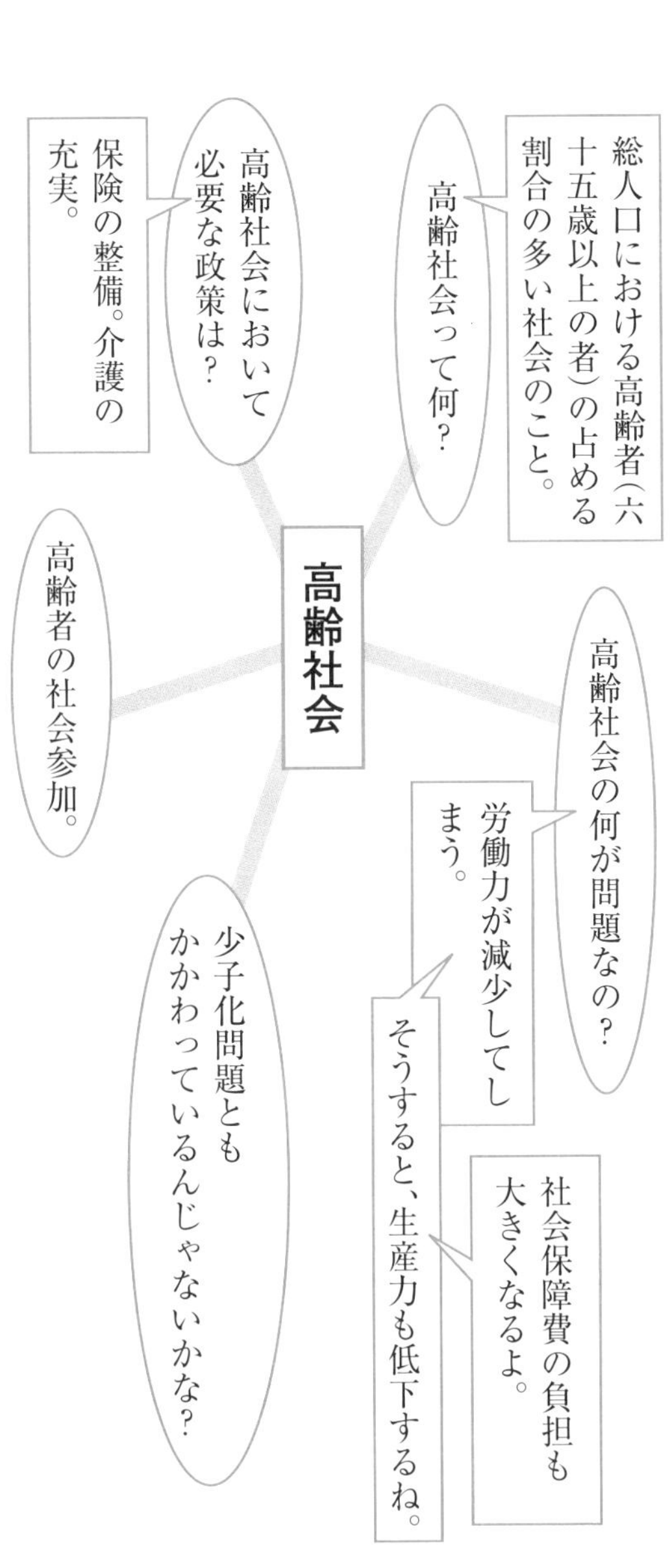

ブレインストーミング② 問題点を絞る

ブレインストーミングの第一段階で、テーマについてのさまざまな考えや知識が出てくると思います。次に、小論文を書く際に使えそうな項目をピックアップして、問題点を絞ります。第二段階では、その切り口からさらにブレインストーミングを展開します。

ここでは、高齢社会の何が問題なの？という疑問を取り上げて、問題の原因や結果、背景を探っていきます。

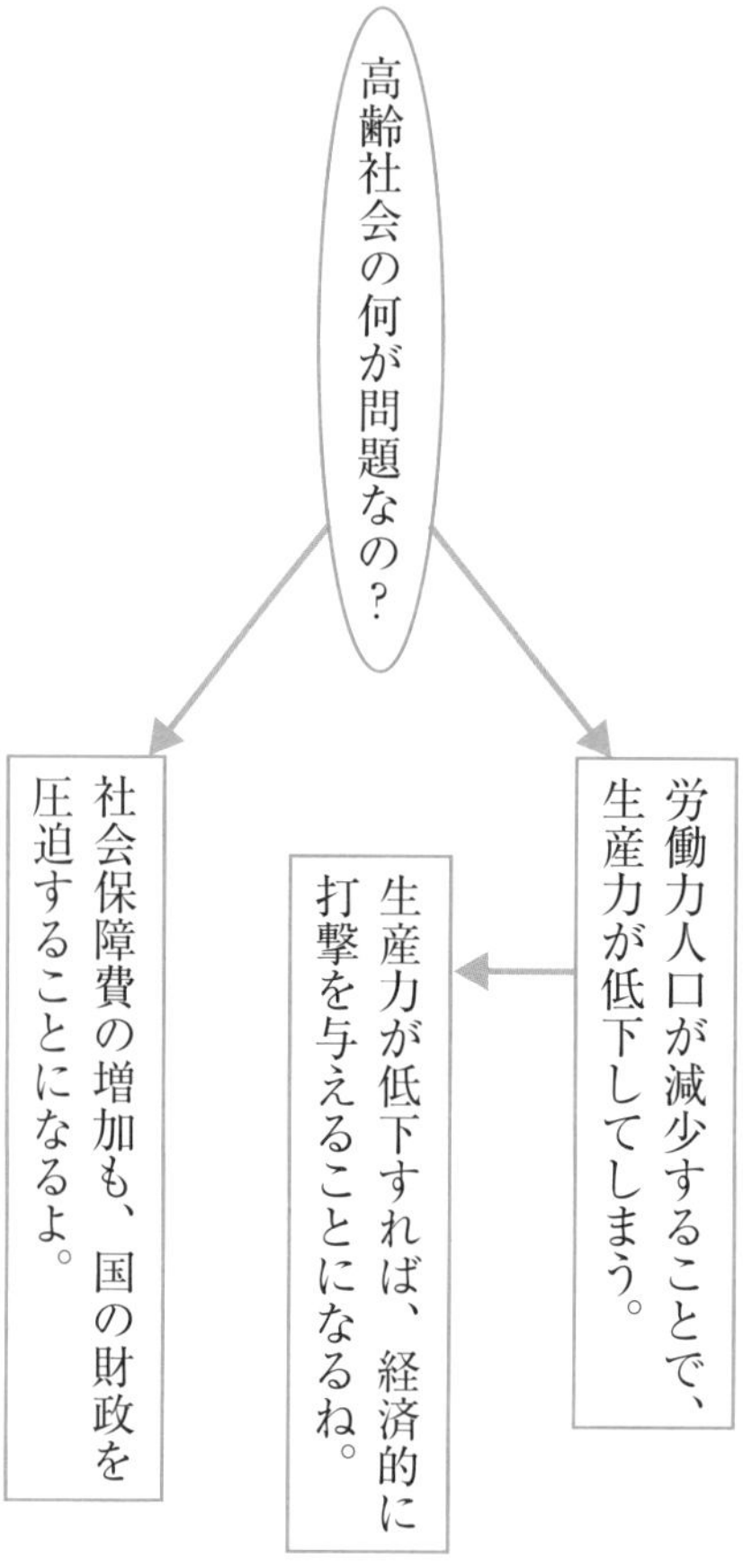

高齢社会の何が問題なの？

労働力人口が減少することで、生産力が低下してしまう。

生産力が低下すれば、経済的に打撃を与えることになるね。

社会保障費の増加も、国の財政を圧迫することになるよ。

ブレインストーミング③　解決策を探る

ブレインストーミングの第二段階で、「高齢社会」の問題点が明らかになったと思います。すると次に、では どうすればよいのか? という疑問が出てくるはずです。

ここでは、「高齢社会の抱える問題を解決するためには、どうすればよいのか?」という疑問に答えるために、さらにブレインストーミングを進めて具体的な解決策を見つけていきます。

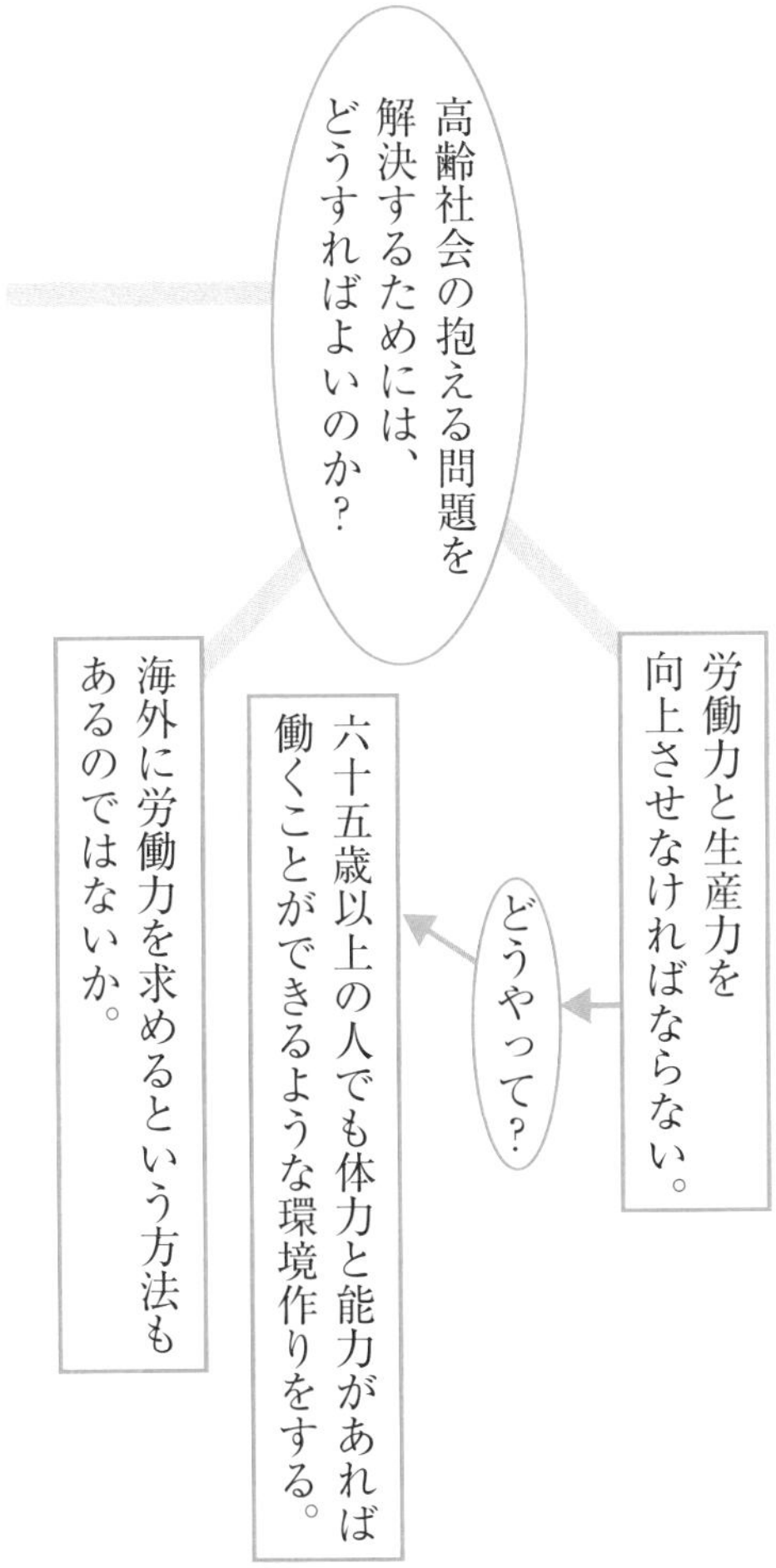

高齢社会の抱える問題を解決するためには、どうすればよいのか?

労働力と生産力を向上させなければならない。

どうやって?

六十五歳以上の人でも体力と能力があれば働くことができるような環境作りをする。

海外に労働力を求めるという方法もあるのではないか。

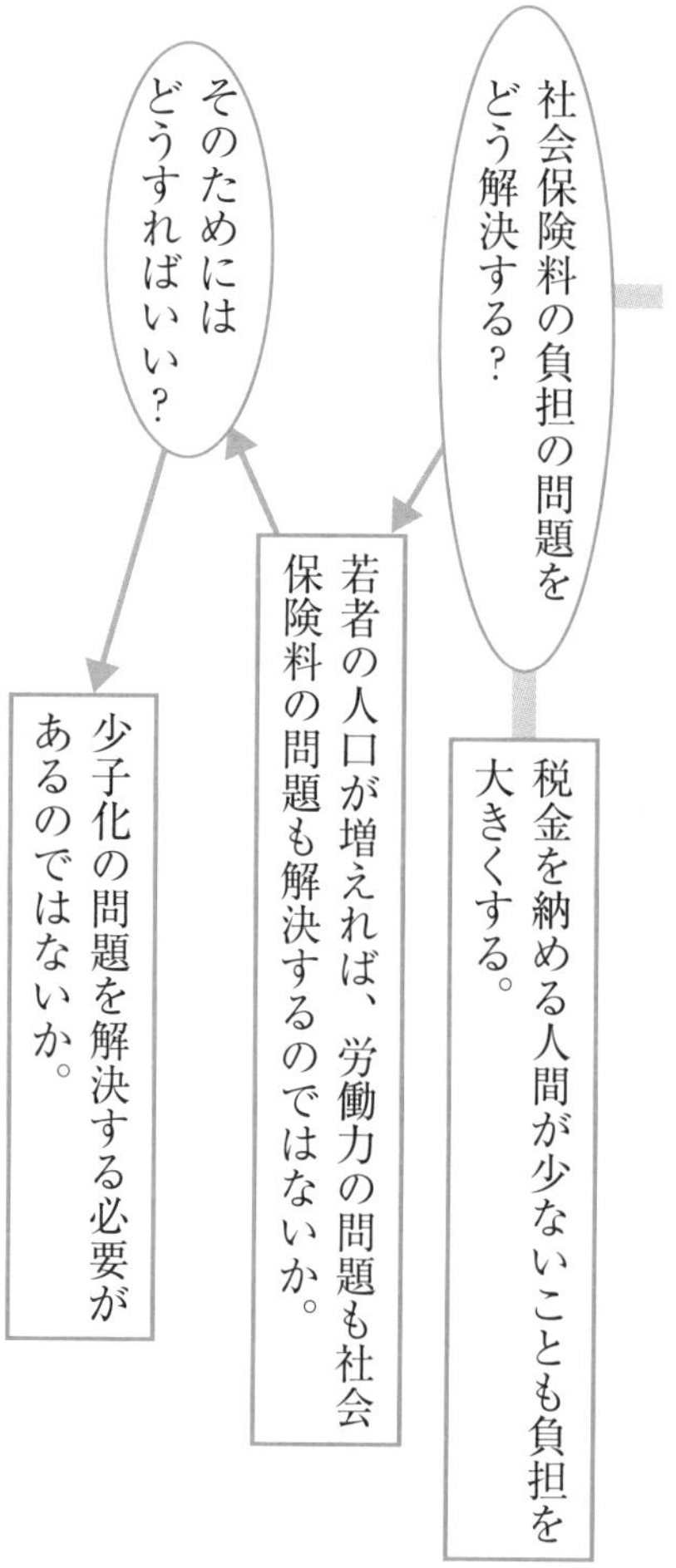

社会保険料の負担の問題をどう解決する？

税金を納める人間が少ないことも負担を大きくする。

若者の人口が増えれば、労働力の問題も社会保険料の問題も解決するのではないか。

そのためにはどうすればいい？

少子化の問題を解決する必要があるのではないか。

ここまでくれば「問題提起」「展開」「結論」という小論文の流れのようなものが見えてきます。ブレインストーミングは、「○○とは何か？（定義）」「○○の何が問題となっているのか？（問題点）」「○○の問題を解決するにはどうすればよいのか？（解決策）」というような疑問を軸として、それに答える形で進めていくとよいでしょう。

そして小論文では独創的な意見が書かれていることが重要なポイントになるので、ブレインストーミングの中から独創的なアイデアをピックアップするようにします。

ブレインストーミングの方法

これまでの解説でブレインストーミングのやり方がほぼ理解できたと思います。

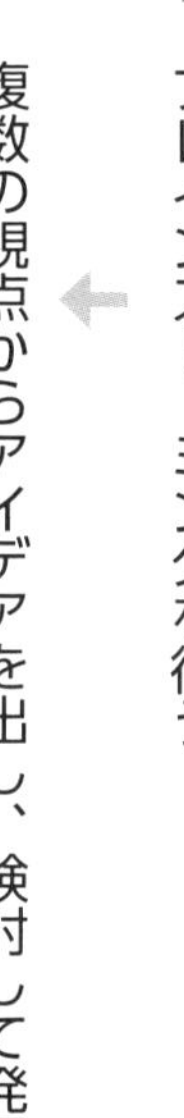

1. テーマについての背景知識をおさえる
2. ブレインストーミングを行う
   ← 複数の視点からアイデアを出し、検討して発展させていく。
   - 「〇〇とは何か？」
   - 「〇〇の何が問題となっているのか？」
   - 「〇〇の問題を解決するにはどうすればよいのか？」

   を軸としてアイデアを出していく。

   ※この時、独創的なアイデアを重視するようにする。
3. 「問題提起」「展開」「結論」という話の流れを見いだす

このように、ブレインストーミングは与えられたテーマをもとにアイデアを出していきながら、自分の考えをブラッシュアップさせていくうえで不可欠な作業なのです。

2 構成を考えてメモにまとめる

ブレインストーミングが終わったら、次は構成を考えながらメモにまとめます。

小論文試験において、内容面では次のような項目がチェックされているということは前にも述べました。

内容面での評価チェック項目

- □ 前向きな印象を与えるものになっているか？
- □ 自衛官にふさわしい内面的資質が備わっているか？
- □ 自分の考えを明らかにして、独創的に論じているか？
- □ 職務に就くうえで必要な知識を有しているか？
- □ 出題の意図を正しく理解しているか？
- □ 文章の流れは一貫したものになっているか？
- □ 具体的な例を挙げるなどして、客観的に書けているか？
- □ 問題点を明らかにして論じているか？
- □ 問題に対する具体的な解決策を提示できているか？

これらが評価の対象になるということを念頭に置き、何をどのように書いていくのか、構成を考えていきます。

文章の構成

文章の「起→承→転→結」の四部構成か、「序論→本論→結論」の三部構成にするとよいでしょう。

①「起→承→転→結」の四部構成のパターン

段落		内容	割合
第一段落	起	**〈問題提起・話題の提示〉** 「○○のためにはどうすべきなのか」 「○○について、考えてみたい」	全体の10％
第二段落	承	**〈意見の提示〉** 「私は、△△と考える」	全体の30～40％
第三段落	転	**〈展開〉** 「なぜなら～～だからである」 「しかし、××ということもある」	全体の30～40％
第四段落	結	**〈まとめ〉** 「よって、私は□□と考える」	全体の10～30％

②「序論→本論→結論」の三部構成のパターン

段落	構成	内容	分量
第一段落	**序論**	**〈問題提起・話題の提示〉** 「○○とはどういうことか」 「○○について、考えてみたい」	全体の10～20％
第二段落	**本論**	**〈意見の提示〉** 「私は、△△と考える」 「なぜなら～～だからである」	全体の40～70％
第三段落	**結論**	**〈まとめ〉** 「よって、私は□□と考える」	全体の20～40％

四部構成でも三部構成でも、最初の段落で、これから何について論じていくのかを明らかにします。続く段落で自分の意見とその根拠を提示し、最後の段落で結論を述べる、というのが大まかな流れです。これが、小論文としては最もオーソドックスな構成パターンといえるでしょう。

また、構成を考えてメモにまとめる際には、それぞれの段落の分量についても意識する必要があります。各段落の目安を示しておきましたので参考にしてください。

構成を考える

では、先ほどブレインストーミングを行った「高齢社会」というテーマについて、構成を考えてみましょう。

背景知識

・総人口における高齢者（六十五歳以上の者）の占める比率（高齢化率）の高い社会。
・日本では、二〇一二年に六十五歳以上の人口が三〇〇〇万人を突破。
・家族の負担を軽減し、介護を社会全体で支えることを目的に、二〇〇〇年に介護保険法が施行。老人介護は社会保険によって行われることになった。

ブレインストーミングで出たアイデア

問題点

・高齢社会の何が問題なのか？
↓「労働力人口が減少することで生産力も低下する」
↓「生産力の低下は経済に打撃を与える」

↓「社会保障費の増加が、国の財政を圧迫する」

・高齢社会が抱える問題を解決するにはどうすればいいのか？

↓「労働力と生産力を向上させなければならない」

解決策

「六十五歳以上の人でも体力と能力があれば働けるような環境作りをする」

「若い労働力を確保する」

「社会保障費の財源を確保する」

結論

「少子化問題を解決していく必要がある」

ブレインストーミングの結果から、「高齢社会が抱える問題を解決するにはどうすればいいのか？」ということを問題提起とし（序論）、続いて問題を解決するための方策として考えたことを自分の意見として書き（本論）、最後に高齢社会が抱える問題を解決するためにすべきことを述べる（結論）、という「序論→本論→結論」の三部構成の形にまとめることができそうです。

メモにまとめる

以下のような構想を、メモにまとめていきます。

1　序論

高齢社会の何が問題なのか？

↓労働力人口が減少、経済活動の停滞、社会保障費の増加

高齢社会が抱える問題を解決するにはどうすればいいのか？

2　本論

労働力と生産力を向上させなければならない。

六十五歳以上の人でも働けるような環境作りをする。

社会保障費の財源を確保する。

3　結論

どうすればよいか？

少子化問題を解決していく必要がある。

メモにまとめる時の注意点

メモはあくまでも自分のための覚え書きです。自分がわかればよいので、細かく丁寧に書いて時間を使う必要はありません。大まかな流れと、各段落に何を書くかがわかるようにまとめましょう。メモには最低限、次の二つは記入する必要があります。

- 段落番号
- 各段落の大まかな内容

さらに、この時、次のことを確認しましょう。

- 出題の意図からはずれていないか？
- 文章の流れはよいか？
- 文章の流れに関係のない事例がまぎれこんでいないか？
- 事例を挙げるだけでなく、自分の意見や考えが書けているか？
- 問題を取り上げた場合、具体的に解決策を示せているか？

3 書く

ブレインストーミングを行い、構成を考えてメモにまとめることができたら、形式面でのチェック項目に注意しながら、実際に原稿用紙に書き始めましょう。

形式面でのチェック項目

- □ 原稿用紙を正しく使って書けているか？
- □ 誤字・脱字のない正しい文章が書けているか？
- □ 読みやすい字で丁寧に書けているか？
- □ 文章語（書き言葉）で書けているか？
- □ 正しい文法で書けているか？
- □ 文章は読みやすく書けているか？
- □ 文章の組み立てを考えて書けているか？

書くという作業は、意外に時間のかかるものです。普段手書きで文章を書くことの少ない人なら、なおさらそのように感じるでしょう。自分が原稿用紙一枚を書きあげるのにどれくらいの時間がかかるのか、あらかじめ把握しておく必要があります。指定の字数の八割は書かないと減点の対象になるので注意しましょう。

文章の書き出し

文章の全体の印象を決めるうえで重要になるのが書き出しの部分です。書き出しで問題提起や話題の提示をする方法には、次のようなパターンがあります。

POINT

- **問題提起で始めるパターン**

「○○のためにはどうすべきか」といった文章で始まるもので、最も基本的なパターンです。

- **自分の体験とからめて語り始めるパターン**

時事的な事柄、専門的な事柄に関する出題には向きませんが、個人的な事柄に関する出題の際には有効です。

- **テーマに関する背景知識や定義を述べるパターン**

テーマが難解なものやあいまいなもの、なじみのうすいものなどの場合に効果的です。

- **テーマに対して逆説的なことを言って始めるパターン**

世間一般の意見とは逆と思われる意見を提示することで、注意を引きつけることができます。ただし、うまく結論に結びつけることができないと、ただ非常識な印象を与えるだけで終わってしまうことになります。

4 見直す

最後の作業は見直しです。内容面（74ページ）と形式面（81ページ）に挙げたチェック項目に従って見直しましょう。

さて、ここまで小論文を書くための四つのプロセスについて説明してきましたが、小論文試験の制限時間はたいてい六十分間です。この四つのプロセスのそれぞれにどれくらいの時間をかけるのか、時間配分を考えて取り組むことが重要です。

時間配分の例

① ブレインストーミング	十五分程度
② 構成を考えてメモにまとめる	二十分程度
③ 答案用紙に書く	二十分程度
④ 答案を見直す	五分程度

小論文の書き方が理解できたら、実際に書いてみましょう。第5章と第6章では、実践編として過去に出題された小論文試験に取り組んでいきます。

例題

› STEP1

› STEP2

› STEP3

本章では、小論文試験の頻出のテーマ※を取り上げて、高得点をねらえる小論文を書くために必要な事項を具体的に説明します。

※「テーマ」は、過去に出題された問題をもとにした予想問題です。

テーマ「友人について」

悪い例

❶友人の定義はいろいろあるだろうが、一般的に友人といえば「気の合う人
❷」や「いつも身近にいてくれる人」ということになるだろう。しかし、む
しろ「いつも身近にはいない人」や「気の合わない人」こそが、本当の友
人であると私は考えている。
❸確かに、いつも身近にいてくれて気の合う人とはいっしょにいると楽しい
❷。しかし「いつも身近にいてくれる人」は、進路が分かれるなどして身近
にいることができなくなる可能性がある。長い人生で起こるさまざまな出
来事によって疎遠になってしまうこともある。一方で、近くにいることが

評価

構成	用法・語法	個性
A	C	B

テーマである「友人」の反対意見から論作を始め、無理なく自分の考えを主張した点は評価できる。原稿用紙の使い方に誤りがあると減点の対象になるので、注意しよう。

❶ 文章の書き始めを一字下げる。

❷ 句読点（、）（。）は行頭に置かず、行の最後のマスに一緒に置くこと。とじかぎかっこ（」）は行頭に置かないこと。

❸ 段落の最初は一字下げる。

できなくなっても、ずっと友達付き合いが続く人もいる。つまり、物理的に距離が離れたとしても友達付き合いの続く人こそ、本当の友人ではないか④――と、私は考える。また、「気が合う人」とも、いつの間にか気が合わなくなってしまって自然と会う機会が減っていくことがある。気が合うということは自分と価値観が同じであるということである。同じ価値観を持つ者だけで集まっていても、自分自身は成長していかない。自分と異なる考えを持ち、それまでの自分の価値観を揺るがしてくれるような人、つまり、一見「気の合わない人」こそ、自分にとって良い友人となるのである。

「いつも身近にいてくれる人」「気の合う人」というのは、学生時代の一時の付き合いにすぎない場合もあるのではないだろうか？⑤私は、距離が離れても長く付き合いが続き、双方が成長できる「いつも身近にはいない人」「気の合わない人」こそ、真の友人、本当の意味で良い友人であると考える。

④思考線（――）や思考点（……）を用いる時は二字分あてる。

⑤感嘆符（！）や疑問符（？）などの記号類は用いない。

良い例

　友人の定義はいろいろあるだろうが、一般的に友人といえば「気の合う人」や「いつも身近にいてくれる人」ということになるだろう。しかし、むしろ「いつも身近にはいない人」や「気の合わない人」こそが、本当の友人であると私は考えている。
　確かに、いつも身近にいてくれて気の合う人とはいっしょにいると楽しい。しかし、「いつも身近にいてくれる人」は、進路が分かれるなどして身近にいることができなくなる可能性がある。長い人生で起こるさまざまな出来事によって疎遠になってしまうこともある。一方で、近くにいるこ

ここに注意！
レベルアップ講座

ここがポイント
文章の書き方の基本的なルールを守る

文章の書き始めと段落の最初の文字は、読みやすいように一字下げて書く。これは、小論文や作文など、日本語の文章における基本的なルールだ。かぎかっこの下の部分（」）をとじかぎかっこと呼ぶが、とじかぎかっこや句読点（、）（。）を行頭に置かないことも覚えておきたい。

ここがポイント
小論文は日本語だけで書く

小論文を書くときは、感嘆符（！）や疑問符（？）などの記号類は用いない。感嘆符や疑問符を用いなくても読んだ人に伝わるように、論旨を明確に書くことを心がけよう。思考線（――）や思考点（……）は使用できるが、二字分あてることを忘れずに。

とができなくなっても、ずっと友達付き合いが続く人もいる。つまり、物理的に距離が離れたとしても友達付き合いの続く人こそ、本当の友人ではないか——と、私は考える。また、「気が合う人」とも、いつの間にか気が合わなくなってしまって自然と会う機会が減っていくことがある。気が合うということは自分と価値観が同じであるということである。同じ価値観を持つ者だけで集まっていても、自分自身は成長していかない。自分と異なる考えを持ち、それまでの自分の価値観を揺るがしてくれるような人、つまり、一見「気の合わない人」こそ、自分にとって良い友人となるのである。

「いつも身近にいてくれる人」「気の合う人」というのは、学生時代の一時の付き合いにすぎない場合もあるのではないだろうか。私は、距離が離れても長く付き合いが続き、双方が成長できる「いつも身近にはいない人」「気の合わない人」こそ、真の友人、本当の意味で良い友人であると考える。

応用　**例題で練習しよう**

「友人と親友の違い」／「両親について」／「学生時代の忘れられない出来事」／「クラブ活動で学んだこと」／「恩師との思い出」

※　部分は、悪い例の修正部分

STEP 1 正しい文章を書く

テーマ「あなたが経験した出来事の中で心に残ったものについて述べたうえで、そこから何を学んだかを述べよ」

悪い例

私は、中学、高校の合計6❶年向❷、陸上部に所属し、ずっと長距離を専問❸にして走ってきた。去年は、ついに目標であったフルマラソン完走を果たすことができた。この経験は今もなお色あせることなく、私の心に残っている。

陸上部に所属した中学一年生の春から、私は毎朝のジョギングを日課にしてきた。長距離走の最後になって失速することが多かったため、持久力をつけるために始めたことだった。最初は長い距離を走ることはできなかったが、だんだん走れる距離が長くなってきた。毎朝のジョギングを続

評価

構成	用法・語法	個性
A	C	B

自らの失敗経験を取り入れて書いたことで、小論文に説得力が増した。漢字の書き間違い、送り仮名の間違いなどがあると、全体の評価が低くなるので注意したい。

❶ 縦書きの場合は漢数字を使用。

❷ 略字の漢字は用いず、楷書(正しい字)で書く。

❸ 誤字は厳禁。特に同音意義語に注意すること。

❹ 送り仮名を正しく書く。

けることで、少しずつ自分に力がついてきていることが実感でき、うれしかった。そして、次第に「フルマラソンを完走したい」という夢を抱だくようになった。しかし、陸上部に所属しているといっても、フルマラソンを完走するのは並大抵のことではない。一度挑戦したものの、途中でペースを崩して断念してしまい、ゴールにたどりつけなかった。だからこそ、去年、ねんがんの完走を果たしたときには、長年の努力が報われたと思い、非情にうれしかった。

「継続は力なり」という言葉があるが、フルマラソン完走という経験を通じて、何事もこつこつ続けることが大事であり、頑張り続けることで結果はついてくるということを、身をもって学んだ。私は此れからも「継続は力なり」という言葉を信じて、何事もあきらめることなく励みたい。自衛官という仕事に就くようになったら、さまざまな困難が待ち受けていると思う。そんな時はこのフルマラソン完走の経験を思い出して頑張っていきたい。

❺ 一般的に漢字で書く言葉は漢字で、平仮名で表記する言葉は平仮名で書く。

良い例

私は、中学、高校の合計六年間、陸上部に所属し、ずっと長距離を専門にして走ってきた。去年は、ついに目標であったフルマラソン完走を果たすことができた。この経験は今もなお色あせることなく、私の心に残っている。

陸上部に所属した中学一年生の春から、私は毎朝のジョギングを日課にしてきた。長距離走の最後になって失速することが多かったため、持久力をつけるために始めたことだった。最初は長い距離を走ることはできなかったが、だんだん走れる距離が長くなってきた。毎朝のジョギングを続け

ここに注意！

レベルアップ講座

ここがポイント

正しい漢字を使って書こう

小論文で漢字を書くときは、楷書を心がけたい。原稿用紙が縦書きの場合、数字は漢数字で表記すること。たとえ文章の構成がしっかりしていても、漢字や送り仮名の間違いがあると、小論文としての評価は下がる。特に「門」「問」などの同音異義語に気をつけよう。

ここがポイント

普段から読書の習慣をつけよう

一般的に漢字で表記される言葉は漢字で、平仮名で表記される言葉は平仮名で書こう。普段から本を読む習慣をつけておくと、この言葉は漢字表記か平仮名表記かということや、漢字の送り仮名についても分かるようになる。

ることで、少しずつ自分に力がついてきていることが実感でき、うれしかった。そして、次第に「フルマラソンを完走したい」という夢を抱くようになった。しかし、陸上部に所属しているといっても、フルマラソンを完走するのは並大抵のことではない。一度挑戦したものの、途中でペースを崩して断念してしまい、ゴールにたどりつけなかった。だからこそ、去年、念願の完走を果たしたときには、長年の努力が報われたと思い、非常にうれしかった。

「継続は力なり」という言葉があるが、フルマラソン完走という経験を通じて、何事もこつこつ続けることが大事であり、頑張り続けることで結果はついてくるということを、身をもって学んだ。私はこれからも「継続は力なり」という言葉を信じて、何事もあきらめることなく励みたい。自衛官という仕事に就くようになったら、さまざまな困難が待ち受けていると思う。そんな時はこのフルマラソン完走の経験を思い出して頑張っていきたい。

応用

例題で練習しよう

「あなたが学生時代に経験した出来事から学んだことを述べよ」／「あなたが故郷で経験した忘れられない出来事と、それによって得た気づきについて述べよ」

STEP 1 文章語（書き言葉）で書く

テーマ「豊かさについて」

悪い例

国内総生産で世界第三位を誇る日本が豊かな国だということは間違いあ❶りません。しかし、人々が本当に豊かに暮らしていらっしゃるのかといえ❷ば、必ずしもそうでないように思います。それはいったいどうしてなので❶しょうか。私は考えてみました。❶

その要因は、わが国が物質的には豊かであっても、精神的には豊かではないことにあると私的には思います。❸❶物質的な豊かさは必ずしも精神的な豊かさを生み出すものではぶっちゃけないようです。❸❶TVや新聞などでよ❹く話題になっている「引きこもり」という現象は、わが国が物質的には豊

評価

構成	用法・語法	個性
A	C	B

最初に問題を提起し、「引きこもり」が起こる原因を分析、最後に意見を述べるという構成は評価できる。話し言葉ではなく、小論文らしい文章語（書き言葉）を使おう。

❶ 文体は「だ・である」調で書く。

❷ 小論文では敬語は用いない。

❸ 軽薄な印象を与えるので、流行語の使用は問題外。

❹ 略語は厳禁。この場合は「テレビ」と書くこと。

かである半面、精神的には貧しいという状況をよく表しているように思えます。❶だって、❺引きこもっていても生きていけるということは、衣・食・住に恵まれていて物質的には豊かだっていう❺ことの表れだからです。❶でも、❺引きこもるということは精神的には飢え、すさんでいることの表れでもあります。❶また、外界との接触を断って引きこもる人が増えているということは、社会に対して大きな不安や不満を抱く人が多いということも示しています。❶「引きこもり」という現象は、今のわが国の問題を端的に表しているのではないかと思います。❶

　真に豊かに生きるためには、物質面だけでなく精神面も大切であるということはいうまでもありません。❶また、個人のあり方と同時に、社会のあり方というものも重要になってきます。❶社会に対して希望を感じられるとき、自分の人生に対しても希望を抱きやすくなるのではないでしょうか。❶人生に希望を感じられるとき、人間はその希望に向かって充足して生きることができるのだと私は考えます。❶

❺話し言葉で書かず、文章語（書き言葉）を使用すること。

良い例

国内総生産で世界第三位を誇る日本が豊かな国だということは間違いない。しかし、人々が本当に豊かに暮らしているのかといえば、必ずしもそうでないように思う。それはいったいどうしてなのだろうかと、私は考えてみた。

その要因は、わが国が物質的には豊かであっても、精神的には豊かではないことにあると私は思う。物質的な豊かさは必ずしも精神的な豊かさを生み出すものではないようである。テレビや新聞などでよく話題になっている「引きこもり」という現象は、わが国が物質的には豊かである半面、

ここに注意！

レベルアップ講座

ここがポイント

「だ・である」調で意見や主張を明確に

小論文は作文のように自分の気持ちを伝えるものではなく、読んでいる人に意見や主張を伝えるもの。したがって、「です・ます」調ではなく、「だ・である」調を用い、敬語は使用しない。明確な文章で、自分の意見や主張をはっきりと書くことを心がけよう。

ここがポイント

文章語（書き言葉）を使って書く

文章に話し言葉は用いず、文章語（書き言葉）で書くことが大前提。小論文はエッセイではないので、日常生活で無意識に使っている略語や、流行語を使わないように気をつけたい。

精神的には貧しいという状況をよく表しているように思える。なぜなら、引きこもっていても生きていけるということは、衣・食・住に恵まれていて物質的には豊かであるということの表れだからである。しかし、引きこもるということは精神的には飢え、すさんでいることの表れでもある。また、外界との接触を断って引きこもる人が増えているということは、社会に対して大きな不安や不満を抱く人が多いということも示している。「引きこもり」という現象は、今のわが国の問題を端的に表しているのではないかと思う。

真に豊かに生きるためには、物質面だけでなく精神面も大切であるということはいうまでもない。また、個人のあり方と同時に、社会のあり方というものも重要になってくる。社会に対して希望を感じられるとき、自分の人生に対しても希望を抱きやすくなるのではないだろうか。人生に希望を感じられるとき、人間はその希望に向かって充足して生きることができるのだと私は考える。

応用　例題で練習しよう

「優しさについて」／「常識について」／「挑戦について」／「成長について」／「生きがいについて」／「人生について」／「成功について」／「満足について」／「感謝について」

STEP 1　文法的に正しく書く

テーマ「コミュニケーションにおいて大切なこと」

悪い例

　コミュニケーションは、情報を伝達しあうことの他に、意思や感情を伝えあうことにおいてとても重要だ。さまざまなコミュニケーション手段を❶発達した現代では、状況に応じた手段を選択し、用途にあった工夫をされ❷る努力が必要だろう。

　❸ならば、メールにおいての絵文字機能はその工夫の一つではないだろうか。友人にメールを送る際に絵文字を用いずに送ったところ、すぐに電話をもらい、怒っているのかどうかを尋ねられたことがある。これは私の感情が文字以外に現れず、感情表現が少なかったために誤解が生❷んでしまっ

評価

構成	用法・語法	個性
A	C	B

日常生活をテーマにつなげ、体験を交えて構成した点は評価できる。助詞や動詞の使い分けの誤り、ふさわしくない接続語や修飾語が気になるので、正しい文法を使用したい。

❶ 助詞（てにをは）を正しく使う。

❷ 自動詞、他動詞の使い分けに注意する。

❸ 前後の文章をスムーズにつなぐため、ふさわしい接続語を選ぶ。

たのだ。友人は私の電話口の声音からすぐに誤解を解いてくれたが、実際に会って話していれば、表情からも私の感情が相手に伝わり、誤解自体が生じなかっただろう。会えなくとも絵文字を使えば、怒っているとは思われなかったはずである。私たちはコミュニケーションを言葉だけではなく、さまざまな要素によって補い、意思疎通しているのである。この出来事を通して、今さらながら私はそう確信した。

現代はコミュニケーション手段が増え、どこにいても浅く④連絡が取れるようになった。その反面、それぞれの手段の特性を考えた表現の工夫をしなければ、相手に誤解なく意思伝達することは難しい。誤解が生じていることにすら気付かないこともあるだろう。コミュニケーションの原型は会って話した⑤ことであり、そうでない場合は、何が表現として欠けているのかを意識し、補うよう努力すべきだ。コミュニケーションが容易にとれる時代だからこそ、その大切さについて改めて考える必要があるように思う。

④修飾語の選び方に注意。正確に文意を伝えるためには、適切な修飾語を用いること。

⑤過去形、現在形など動作・作用の時間関係に気をつける。

良い例

コミュニケーションは、情報を伝達しあうことの他に、意思や感情を伝えあうことにおいてとても重要だ。さまざまなコミュニケーション手段が発達した現代では、状況に応じた手段を選択し、用途にあった工夫をする努力が必要だろう。

例えば、メールにおいての絵文字機能はその工夫の一つではないだろうか。友人にメールを送る際に絵文字を用いずに送ったところ、すぐに電話をもらい、怒っているのかどうかを尋ねられたことがある。これは私の感情が文字以外に現れず、感情表現が少なかったために誤解が生じてしまっ

ここに注意！
レベルアップ講座

ここがポイント
読みやすい文章を心がける

日本語の文章は、助詞（てにをは）が間違っていると意味が分かりにくくなる。書き終わったら何度も読み返して、不自然な点がないかチェックしよう。自動詞、他動詞の使い分けにも注意して、読みやすい文章を心がけたい。

ここがポイント
前後のつながりにふさわしい修飾語を

前の文章と後の文章をスムーズにつなげるため、ふさわしい接続語を選ぼう。具体例を示すための接続語は、「ならば」ではなく「例えば」。修飾語は、文章の意図を明確にするための重要な要素なので、よく考えて使おう。

応用
例題で練習しよう

「会話において大切なこと」

たのだ。友人は私の電話口の声音からすぐに誤解を解いてくれたが、実際に会って話していれば、表情からも私の感情が相手に伝わり、誤解自体が生じなかっただろう。会えなくとも絵文字を使えば、怒っているとは思われなかったはずである。私たちはコミュニケーションを言葉だけではなく、さまざまな要素によって補い、意思疎通しているのである。この出来事を通して、今さらながら私はそう確信した。

現代はコミュニケーション手段が増え、どこにいても簡単に連絡が取れるようになった。その反面、それぞれの手段の特性を考えた表現の工夫をしなければ、相手に誤解なく意思伝達することは難しい。誤解が生じていることにすら気付かないこともあるだろう。コミュニケーションの原型は会って話すことであり、そうでない場合は、何が表現として欠けているのかを意識し、補うよう努力すべきだ。コミュニケーションが容易にとれる時代だからこそ、その大切さについて改めて考える必要があるように思う。

／「意思疎通において重要なこと」／「相互理解において欠かせないこと」／「相手の話を聞く力を身につけるために必要なこと」

STEP 1 文章は読みやすく書く①

テーマ「行動することの意義について」

悪い例

行動してはじめて、自分の人間性や主張を他人に信用してもらえるようになるのではないか……。❶ 行動することの意義。❷ それは、なかんずくそこ❸にあるのではないだろうか……。❶ しかるに、❸ いくら口先だけで言っていても、❹ 実際に行動に移さなければ意味はないということであり、行動に移してこそ意味があるということである。

私は中学・高校で野球部に所属し、部長を務めてきた。そのときに意識したのが、部員たちに指示したことは自分が率先して行うようにするということである。私がそうしたのは、部長である自分が行わなければ、部員

評価

構成	用法・語法	個性
B	C	A

特異な言い回しや、思考線、思考点、かぎかっこで強調した意図はわかるが、多用で文章が読みにくくなっている。論作文の場合は正確な用法で、自分の考えを明確に伝えるように。

❶ 思考線（――）や思考点（……）の使用は最小限に！また、曖昧な表現は避けるように。

❷ 体言止めは多用しない。

❸ 特異な言い回しをあえて用いず、わかりやすい言葉で書くこと。

たちも行おうとはしないと思ったからである。❷自らが行動で示すこと。それは、時として語るよりも効果がある。自分の主張を通したいと思ったのなら、❷何よりも自ら行動すること。それが大事なのだということを、部活動を通じて私は身をもって学んだ。

自衛官の使命❶――。それは国の安全と独立を守ることである。有事の際や災害時には、自衛隊は迅速に行動することが求められている。その意味で、自衛官として働くために❺「行動力」は非常に重要であるといえる。部活動を通じて養われた❺「行動力」は、自衛隊においても生かすことができると私は確信している。

「言うは易く、行うは難し」ということわざが示すように、「何かをする」と口で言うことは簡単だが、実際にそれを実行することは難しい。しかし、活動の幅が広がる自衛隊の中で、私は❺「行動力」を有効に生かしていきたいと考えている。

❹5W1Hのうち、「何を（What）」が不明。

❺強調のためのかぎかっこ（「」）の使用は最小限に。意味なく使用しないこと。

良い例

行動してはじめて、自分の人間性や主張を他人に信用してもらえるようになるのではないかと私は思う。行動することの意義は、おそらくそこにあるのではないだろうか。つまり、いくら口先だけで立派なことを言っていても、実際に行動に移さなければ意味はないということであり、行動に移してこそ意味があるということである。

私は中学・高校で野球部に所属し、部長を務めてきた。そのときに意識したのが、部員たちに指示したことは自分が率先して行うようにするということである。私がそうしたのは、部長である自分が行わなければ、部員

解答例から学ぶ

レベルアップ講座

ここがポイント

「主語」と「目的語」を正しく書こう

文章はわかりやすいことが第一である。文章構成の基本の「5W1H」を意識して書くことでわかりやすくなる。

「5W1H」を確認しよう

When いつ
Where どこで
Who 誰が
what 何を
Why なぜ
How どのように

ここで差がつく

自分の考えを明確に

論作文は普通の作文のように自分の感想や気持ちだけを書くのではなく、意見や主張をはっきりと伝えるところがなくてはならない。悪い例のように「なるのではないか……」「ないだろうか……」といった曖昧な表現ではなく、「と私は思う」「ないだろうか」や、「～したい」「～のほうがよい」「～

たちも行おうとはしないと思ったからである。自らが行動で示すことは、時として語るよりも効果がある。自分の主張を通したいと思ったのなら、何よりも自ら行動することが大事なのだということを、部活動を通じて私は身をもって学んだ。

自衛官の使命は、国の安全と独立を守ることである。有事の際や災害時には、自衛隊は迅速に行動することが求められている。その意味で、自衛官として働くために行動力は非常に重要であるといえる。部活動を通じて養われた行動力は、自衛隊においても生かすことができると私は確信している。

「言うは易く、行うは難し」ということわざが示すように、「何かをする」と口で言うことは簡単だが、実際にそれを実行することは難しい。しかし、活動の幅が広がる自衛隊の中で、私は行動力を有効に生かしていきたいと考えている。

と考える」のように、自分の考えを明確に言い切る形にしよう。

応用

例題で練習しよう

「自衛官としての行動の意義について一般職との違いを含めて述べよ」／「自衛官に求められる使命の魅力とは何か」／「自衛官に求められる行動において重要なこととは何か」／「自衛官としての仕事にどのような姿勢で臨むべきか」／「自衛官として国や国民に対する気持ちで必要なこととは何か」

STEP 1 文章は読みやすく書く②

テーマ「社会人として必要なこと」

悪い例

社会人の定義はさまざまあるだろうが、私は、社会人とは社会とかかわりを持ち、労働を通じて社会に対して貢献している人のことを指すと考える。それでは、このような社会人となるためには、いったいどんなことが必要なのだろうか。

社会人として働くうえで最もマスト❶なものは、それぞれが責任感を持つことはないかと思う。私は学生のときに、飲食店でアルバイトをしていたことがある。アルバイトというものは、社会人になるために人生という名❷のはしごを一段、また一段と上ることだと思うのだが、アルバイトをした

評価

構成	用法・語法	個性
C	C	B

重複する表現が多く、文章の意味が取りにくい。読みやすく、論旨が明確になるよう重複を省き、文章を適度に分けるようにしたい。カタカナの使用はできるだけ控えよう。

❶カタカナを使いすぎないように注意。「アルバイト」など、日本語として定着している言葉以外は使用を控える。

❷小論文に文学的な表現は不要。個性は内容でアピールしたい。

ときに感じたのは、自分の業務に対して背負う責任の❶ヘビーさである。社会人は労働に対して報酬を得る。そして、多くの場合、組織に所属している。そのために、❸自分の行為によって生じた結果に責任を持つことが、学生よりも社会人には強く要求されているのだと感じた。組織に所属する人間が無責任な行動をとれば、組織に大きな❶ダメージを与えることになってしまう。社会人として❸自分の行為によって生じた結果に責任を持って働くということは、すなわち、自分に与えられた職務を確実に果たすこと、規則を厳守すること、組織の利益を意識して行動することにつながるはずである。

社会人は、生産活動や教育、福祉、サービスなど、社会を構成するさまざまな面にかかわり、❹社会を支えている人間であるからこそ、社会人の一人ひとりが、責任感を持って働くことが重要となるので、私は、今春学校を卒業すると同時に社会人となるわけだが、責任感を持って働くということを肝に銘じて、自衛官としてしっかりと任務を全うしていきたいと思う。

❸同じような表現が続くと言いたいことがぼやけてしまうので、重複表現を避ける。

❹修飾する部分や、主語や述語にあたる部分が長すぎると、意味が取りづらくなる。適度に文を分けて、わかりやすい表現を心がける。

良い例

社会人の定義はさまざまあるだろうが、私は、社会人とは社会とかかわりを持ち、労働を通じて社会に対して貢献している人のことを指すと考える。それでは、このような社会人となるためには、いったいどんなことが必要なのだろうか。

社会人として働くうえで最も必要なものは、それぞれが責任感を持つことではないかと思う。私は学生のときに、飲食店でアルバイトをしていたことがある。アルバイトというものは、社会人になるための一種の準備段階であると思うのだが、アルバイトをしたときに感じたのは、自分の業務

ここに注意！

レベルアップ講座

ここがポイント

カタカナは最小限に

日常会話で使っていても、「マスト」のように日本語として定着していないカタカナは、論作文では使用を控える。基本的に漢字と平仮名で表現したい。

ここがポイント

重複表現は避ける

同じような表現が何度も出てくると読みにくく、論旨が明確な文章にならない。文章は適度に分けて、意味がとりやすい表現を心がけよう。文学的な表現は避け、平易な文章で分かりやすく書こう。

例題で練習しよう

「学生と社会人の違い」／「社会人に求められるもの」／「自衛官に必要なこと」

に対して背負う責任の重さである。社会人は労働に対して報酬を得る。そして、多くの場合、組織に所属している。そのために、自分の行為によって生じた結果に責任を持つことが、学生よりも社会人には強く要求されているのだと感じた。組織に所属する人間が無責任な行動をとれば、組織に大きな損害を与えることになってしまう。社会人として責任感を持って働くということは、すなわち、自分に与えられた職務を確実に果たすこと、規則を厳守すること、組織の利益を意識して行動することにつながるはずである。

社会人は、生産活動や教育、福祉、サービスなど、社会を構成するさまざまな面にかかわり、その社会を構成し、かつ支えている人間である。だからこそ、社会人の一人ひとりが、責任感を持って働くことが重要となる。私は、今春学校を卒業すると同時に社会人となるわけだが、責任感を持って働くということを肝に銘じて、自衛官としてしっかりと任務を全うしていきたいと思う。

STEP 1　文章の組み立てを考えて書く

テーマ「人の模範となることについて」

悪い例

人の模範となるためには、常に自分に厳しくなければならない。自らをよく顧み、よく律する姿勢が必要である。このような、人の模範となりうる人として私が最初に思い浮かべるのは、高校時代に所属していた剣道部の部長である。剣道は勝ち負けを争う競技であると同時に、精神修養を目的とする競技である。したがって、部長を務める人間には、技術的に秀でていることと同時に、人間的に優れていることが求められる。こうした要求に応えるのは、並大抵のことではない。しかし、彼は部長として常に部員の模範であり続けた。私たち部員は部長を模範とし、部活動に励んでき

❶

評価

構成	用法・語法	個性
C	B	B

自らの体験をテーマにつなげた具体的な表現は説得力がある。最初の段落が長いので、読みやすくしよう。また、構成を入れ替え、テーマを伝えやすくすると、さらによくなる。

❶ 一段落が長すぎる。内容のまとまりごとに適度に改行して、いくつかの段落に分けるようにしよう。

❷ 「人の模範となること」というテーマについての考察は、序論にもってきた方が文章の構成として読みやすくわかりやすい。

た。その結果、部内にはいつも心地よい緊張感があり、試合でも良い成績を残すことができた。集団において、人の模範となるような人物が上に立っていれば、部下たちはその人のようになりたいと願い、その人にならって行動する。そうすることで、集団全体が向上していくのである。❷人の模範となるということは、人としての正しいあり方を他者に示すことができるということであると、私は考えている。

だからこそ、人の上に立つ人間は、人の模範となることを常に意識しなければならない。私は、曹として人の模範となるべく、自らをよく顧み、よく律し、常に人として正しくあるように心がけていきたいと思う。❸私は、士の上に立つ曹として働きたいと思い、一般曹候補生に応募した。

❸結論となる最後の一文としては印象が弱い。一つ前の文を締めに持ってきた方が効果的だ。

人の模範となるということは、人としての正しいあり方を他者に示すことができるということであると、私は考えている。人の模範となるためには、常に自分に厳しくなければならない。自らをよく顧み、よく律する姿勢が必要である。

このような、人の模範となりうる人として私が最初に思い浮かべるのは、高校時代に所属していた剣道部の部長である。剣道は勝ち負けを争う競技であると同時に、精神修養を目的とする競技である。したがって、部長を務める人間には、技術的に秀でていることと同時に、人間的に優れている

序論

解答例から学ぶ

レベルアップ講座

ここがポイント　構成を考えてから書く

論作文において文章の構成は、主張を伝えやすくするうえで、とても大切なことだ。悪い例では「人の模範になること」というテーマについての自分の考察に深く触れずに体験談に入っているが、テーマについての考察を最初に持ってくることで、主張が明確になり、わかりやすい文章になる。

ここもチェック　三部構成でまとめる

七〇〇字程度の論作文では、「序論→本論→結論」という三部構成がまとめやすく、内容も伝わりやすくなる。

序論　問題提起と提案（こういった問題がある、こうしたらよいと考える）

本論　根拠（自らの体験談などだと説得力がある）と原因分析（そう考え

ことが求められる。こうした要求に応えるのは、並大抵のことではない。しかし、彼は部長として常に部員の模範であり続けた。私たち部員は部長を模範とし、部活動に励んできた。その結果、部内にはいつも心地よい緊張感があり、試合でも良い成績を残すことができた。集団において、人の模範となるような人物が上に立っていれば、部下たちはその人のようになりたいと願い、その人にならって行動する。そうすることで、集団全体が向上していくのである。

だからこそ、人の上に立つ人間は、人の模範となることを常に意識しなければならない。私は今回、一般曹候補生に応募したが、曹もまた、士の上に立つ人間である。私は、曹として人の模範となるべく、自らをよく顧み、よく律し、常に人として正しくあるように心がけていきたいと思う。

本論　結論

る理由）

結論　まとめ（自分なりの解決策、決意表明などの主張）

応用　例題で練習しよう

「自分のためではなく、人の模範となるために、これまで一番頑張ったこととは何か」／「人の模範となるべく、正しくあらねばならない行動とは何か」／「人の上に立って働くためにはどのような姿勢で臨めばいいか」／「人間的に優れているということはどういうことか」

STEP 2 自己の内面をアピールして書く①

テーマ「最近、感動したこと」

悪い例

日々の中で心動かされるようなことは多々あるが、最近、私が最も感動したのは、祖母の優しさに触れたことである。

昨年、子供の頃から一緒に暮らしていた祖母が体調を崩し、入院することになった。部活動や宿題、試験勉強などに追われていた私は、病院が家から少し離れていることもあって❶面倒に思い、なかなか祖母を見舞いに行こうとしなかった。それでも祖母は、私がたまに病室に行くと、いつもにこにこと笑って迎えてくれた。

私の記憶の中にある祖母は、いつも笑っている。しかし、常に笑顔でい

評価

構成	用法・語法	個性
B	C	B

一般的な話題を避け、あなた以外には書けない自分の祖母の話を題材にしている点は評価できるが、表現の仕方一つでマイナスのイメージを抱かせることがある点は注意しよう。

❶「面倒」「行こうとしなかった」などの後ろ向きな表現は避ける。

❷本当に「仕方のないこと」なのか。思考を放棄しているとも取られかねないので、あえて書かないほうが無難。

❸「〜なればいいのに」で

ることは、簡単なことではない。人というものはなかなか自分の感情を制御することができないものである。❷それは仕方のないことだが、平素にまして、自分が辛い状況にあるときに他人のことを気遣ったり、優しくしたりできる人は少ない。入院中、祖母は薬の副作用もあって、かなり衰弱していたことを、あとから知らされた。祖母がいつも笑顔で迎えてくれたので、私はそのことにまったく気づくことができなかった。祖母は進路に悩んでいた私のことを気遣ってくれさえした。

この経験から、私は本当の優しさというものを知った。自分が苦しい状況にあるときに、人に対してどのような態度をとることができるかに、その人の人間性が現れるのだと思う。苦しい状況にあっても文句一つ言わず、他者への気遣いを忘れなかった祖母の態度に、私は今、大きな感動を覚える。

真の優しさとは、表面的なものではない。私も祖母のように、❸人に優しくできるようになればいいのに、と思う。

は、他人事のように思える。特にここは最後の結論部分でもあり、自分の意志や意見をはっきり書くこと。

良い例

日々の中で心動かされるようなことは多々あるが、最近、私が最も感動したのは、祖母の優しさに触れたことである。

昨年、子供の頃から一緒に暮らしていた祖母が体調を崩し、入院することになった。部活動や宿題、試験勉強などに追われていた私は、病院が家から少し離れていることもあって、なかなか祖母を見舞いに行くことができなかった。それでも祖母は、私がたまに病室に行くと、いつもにこにこと笑って迎えてくれた。

私の記憶の中にある祖母は、いつも笑っている。しかし、常に笑顔でい

ここに注意！

レベルアップ講座

ここがポイント **ネガティブな表現はしない**

試験官は作文から書いた人の人となりや性格まで読み取ろうとしている。たとえ自分が思ったことでも、ネガティブにとられることや不真面目だと思われる表現をすることで人間性をも疑われかねない。

ここがポイント **自分の意見を明確に主張しよう**

小論文や作文でチェックされるポイントの一つは、その人なりの意見をきちんと持っているかどうか。「〜だったらいいな」「〜かもしれない」などのあいまいな表現は避けて、「〜したい」「〜と考える」「〜べきだ」など、自分の意見を明確に主張する言い方を心がけよう。

応用 **例題で練習しよう**

「十年後の私」／「将来の夢」

ることは、簡単なことではない。人というものはなかなか自分の感情を制御することができないものである。平素にまして、自分が辛い状況にあるときに他人のことを気遣ったり、優しくしたりできる人は少ない。入院中、祖母は薬の副作用もあって、かなり衰弱していたことを、あとから知らされた。祖母がいつも笑顔で迎えてくれたので、私はそのことにまったく気づくことができなかった。祖母は進路に悩んでいた私のことを気遣ってくれさえした。

この経験から、私は本当の優しさというものを知った。自分が苦しい状況にあるときに、人に対してどのような態度をとることができるかに、その人の人間性が現れるのだと思う。苦しい状況にあっても文句一つ言わず、他者への気遣いを忘れなかった祖母の態度に、私は今、大きな感動を覚える。

真の優しさとは、表面的なものではない。私も祖母のように、どんなときにも人に優しくできる人間でありたいと思う。

／「自衛官として私が挑戦したいこと」／「私が自衛官を目指しそうと思った動機について」

STEP 2 自己の内面をアピールして書く②

テーマ「あなたが人に誇れるもの」

悪い例

❶私は立派な人間ではないので、これといって人に誇れるようなものなど何もない。❶しかし、強いて言うならば、忍耐強さという点に関しては、人に誇っても良い美徳なのではないかと思っている。私はこれまで、どれほど困難なことがあったからといって、何かを途中で投げ出すようなことは❷してこなかったつもりである。どれほど大変なことであっても、最後まで❷やりとおしてきたと思う。私がそうしてきたのは、結果は最後までわからないと思うからである。

こうした考えを持つようになったのは、中学時代の部活での経験が大き

評価

構成	用法・語法	個性
C	C	B

自らの経験を書いたことは評価できるが、断定を避けたり、謙遜したりするのは論旨があいまいになったり、優柔不断な印象を与えるので注意したい。

❶謙虚さをアピールしようとしたのかもしれないが、論作文試験で謙遜する必要はない。言い訳がましく聞こえて、かえって印象を悪くしかねない。

❷自分のやってきたことに対しては、はっきりと言い切ることで強い印象を残せる。

い。私はテニス部に所属していたのだが、部活内での人間関係に悩み、何度か退部することを考えた。だが、途中で辞めるような中途半端なことはしたくないと思い、最後まで続けた。そのうちに、対立していた人物とのわだかまりが解けていき、引退を迎えるころには、お互いのことをかけがえのない仲間と思えるようになっていた。今も親交のあるこのときの部活仲間は、私を支えてくれる大切な存在である。

この中学時代の経験は、現在の私の糧になっている。❶人のことをどうこう言える立場の人間ではないが、私は❸物事を途中で投げ出す人間を好まない。しかし、最近は、簡単に❸物事を投げ出して、自らチャンスを逃してしまう人があまりにも多いのではないかと思う。それでは何も得ることはできないのではないだろうか。どんなに大変なことでも❸最後までやりとおすことで、何かしら得られるものが必ずあるはずである。❹くどくどと同じようなことを語ってしまったが、忍耐強く❸物事をやりとおすこと、これが私の誇りとすることである。

❸「物事を投げ出す」「やりとおす」など同じような表現はなるべく繰り返さないように注意。同じような意味でも別の言葉を探そう。

❹「くどくどと語ってしまった」のような断り文句は不要。簡潔に主張したいことだけを書くこと。

良い例

私が人に誇れることを考えたとき、確かに言えることが一つある。それは忍耐強いということである。私はこれまで、どれほど困難なことがあったからといって、何かを途中で投げ出したりあきらめたりするようなことはしてこなかった。どれほど大変なことであっても、最後までやりとおしてきた。私がそうしてきたのは、結果は最後までわからないと思うからである。

こうした考えを持つようになったのは、中学時代の部活動での経験が大きい。私は硬式テニス部に所属していたのだが、部活内でのある同級生と

ここに注意！

レベルアップ講座

ここがポイント　はっきりと言い切ることが大事

人と話をするとき、つい「〜だと思うけど」とか「〜じゃないかな」などと断定を避けることがあるが、論作文においてはこれは禁物。何を言いたいのかあいまいになるので、はっきりと言い切るようにしたい。

ここがポイント　論作文に謙遜表現は不要

人間関係において謙遜は美徳だが、論作文には不要。論作文の評価のポイントは、その人の意見や主張がどう表現されているかだということを忘れないようにしよう。

ここがポイント　同じ意味でも別の言葉を探す

短い文章の中で、同じ言葉を繰り返すと、くどい印象を与えるし、文章のリズムが悪くなる。同じような意味でも別

の人間関係に悩み、何度か退部することを考えた。だが、せっかく入ったテニス部を途中で辞めるような中途半端なことはしたくないと思い、最後まで続けた。そのうちに、対立していた人物とのわだかまりが解けていき、引退を迎えるころには、お互いのことをかけがえのない仲間と思えるようになっていた。今も親交のあるこのときの部活仲間は、私を支えてくれる大切な存在である。

この中学時代の経験は、現在の私の生きる糧になっている。私は自分が何かから逃げたり、あきらめたりすることをしないと決めているがゆえに、物事を途中で投げ出す人間を好まない。しかし、最近は、簡単に物事を放り出して、自らチャンスを逃してしまう人があまりにも多いのではないかと思う。それでは何も得ることはできないのではないだろうか。どんなに大変なことでも最後までやり切ることは、人生にとって重要なことであるはずだ。忍耐強く物事をやりとおすこと、これが私の誇りとすることである。

の言葉を探そう。

応用

例題で練習しよう

「私の長所と短所」／「私が一番感謝したい人」／「友人との絆を感じたこと」

STEP 2 自己の内面をアピールして書く③

テーマ「自衛隊であなたのこれまでの経験をどう役立てるか（海上自衛隊志望者の例）」

悪い例

海上自衛隊は、国の安全と独立を守るという自衛隊の理念にのっとり、海上の安全を守るために、日々海上からの侵略に備えている。その海上自衛隊においては、当然、海が主な活動の場となる。

❶海で働く海上自衛官が、泳げないようでは話にならない。その点、私は小学校一年生のときからスイミング・スクールに通い、中学、高校でも水泳部に所属して毎日のように泳いできた。泳ぎで私に勝る者は、なかなかいないのではないだろうか。それに、私は、水泳部では常に主力選手として活躍してきた。❷陸の上よりも水の中にいるほうが長い日もあったぐらい

評価

構成	用法・語法	個性
C	C	B

海上自衛官への熱い思いや経験したことの大切さはわかるが、根拠のない自己アピールが強過ぎて、おごった印象が感じられるので気をつけよう。

❶自分の長所をアピールするのはいいが、人を見下しているような感じやおごった印象を与えてしまわないように注意！

❷水泳を通じて、どのようなことを学んだのかを盛り込めるようにしたい。

だ。水泳訓練は海上自衛官の必須課目であるというが、こうした水泳の経験は海上自衛隊でも必ず生かすことができると確信している。また、③私は十年以上に及ぶ水泳の経験を活かし、水泳訓練においてだけではなく、すべての教練課目において優秀な成績を残す自信がある。

④私ほど、海で働くのにふさわしい人間がいるだろうか。私は海で働くために生まれてきたようなものだ。私という人間は、海上で勤務するのに最適な人間である。ぜひとも海上自衛官に採用していただきたい。ちなみに、私が乗船を希望するのは潜水艦である。潜水艦での勤務がかなったあかつきには、誠心誠意、海上自衛官として働くことをここに約束する。

③根拠もなく言い切るところに、自己認識の甘さが感じられる。自分を客観視することのできない視野の狭い人物であるとみなされてしまう。

④小論文試験は採用試験の一環だが、過剰なアピールは逆効果。あくまでもテーマに沿って、自分の考えを論じるようにしよう。

良い例

海上自衛隊は、国の安全と独立を守るという自衛隊の理念にのっとり、海上の安全を守るために、日々海上からの侵略に備えている。その海上自衛隊においては、当然、海が主な活動の場となる。

海で働く海上自衛官にとって、泳げることは必須条件の一つだろう。私は、小学校一年生のときからスイミング・スクールに通い、中学、高校でも水泳部に所属して毎日のように泳いできたので、泳ぎには自信がある。私は、水泳部では常に主力選手として活躍できるよう、毎日努力してきた。水泳を続けてきたことでもちろん泳力はついたが、それ以外に集中力や忍

解答例から学ぶ

レベルアップ講座

ここがポイント

自画自賛のしすぎはNG

自衛隊での活動と自分の経験を結びつける際に、単なる自画自賛だけの独りよがりの自己アピールや他者を見下したような表現は、採点者にマイナスな印象を与えてしまう。あからさまに自己アピールを繰り返し強調することは避けた方がよい。

ここで差がつく

経験で学んだことを明確に

自衛隊での活動に活かせる経験をしたことによる適度な自己アピールの後には、そのことで自分が学んだことを明確に伝えよう。良い例の「集中力や忍耐力もつき、精神的にも得るものが大きかった」「すべての教練課目においても活かしていきたい」などのように。

また、根拠のないことを言い切るのではなく、「〜と考え

耐力もつき、精神的にも得るものが大きかった。水泳訓練は海上自衛官の必須課目であるというが、こうした水泳の経験は海上自衛隊でも必ず生かすことができると確信している。また、私は十年以上に及ぶ水泳の経験で得たことを、すべての教練課目においても活かしていきたいと考えている。

もちろん、泳ぎに自信があるというだけでは、海上自衛官の任務は務まらないだろう。しかし、私は海上自衛官として、ぜひとも海上の安全を守っていきたいと考えている。四方を海に囲まれた日本において、海の安全を守ることは国防の点で極めて重要である。重責だと思うが、水泳の経験を通じて得た集中力や忍耐力で乗り切っていきたい。私は誠心誠意、海上自衛官としての任務を果たしていくつもりである。

「ている」「〜していきたい」「いくつもりである」など、熱意を伝える書き方にすることで素直なアピールになる。

応用

例題で練習しよう

「自分が目指す自衛官にはどのような経験が必要だと思うか」／「経験値の大切さについてどのように考えているか」／「今まで自分が経験したことの中で最も印象が残っていることは何か、そして、それはなぜか」／「自分の短所は何か、それをどう修正して自衛隊での活動に活かしていくか」

STEP 2 自己の内面をアピールして書く④

テーマ「自衛官試験に応募した理由（航空自衛隊志望者の例）」

悪い例

私は数年前、入間基地で開催されていた航空祭に行ったことがきっかけで、空士として働きたいと思うようになった。

私はもともと飛行機が大好きで、飛行機にかかわる仕事がしたいと漠然と考えていた。そんなとき、航空祭に行き、ブルーインパルスという航空自衛隊アクロバットチームによる飛行ショーを間近に見て、その華麗かつダイナミックな演技にとても感動したのである。❶航空祭では、航空自衛隊の音楽隊によるパレードや警察犬の訓練の光景を見ることができたり、実際に航空自衛隊で使われている飛行機に触れることができたりと、非常に

評価

構成	用法・語法	個性
B	C	C

航空自衛官を目指すきっかけは書かれているが、単なるあこがれや自衛官の安定性や勤務体系が理由に思われ、認識が甘く感じられる。結論は中途半端な印象で熱意が伝わらない。

❶ あこがれだけが先行していて、自衛隊に対する認識が甘いという印象を受ける。

❷ 自衛官の身分や報酬の安定が図られているのは、任務の特殊性ゆえである。これでは条件にひかれたようで、自衛官としての使命感が感じられない。

興味深く楽しい一日となった。それ以来、私は航空自衛隊の仕事に大きな関心を寄せるようになった。また、大好きな飛行機に囲まれて働けるだけでなく、❷航空自衛官は国家公務員で給料や身分が安定している点もよいと思った。完全週休二日制で、年末年始や夏季には長期休暇をとることができるというのも非常に魅力的である。

ただ、自分にとって空士という職が適しているかどうかは実際に働いてみないとわからないと思ったため、今回はひとまず任期制自衛官に応募した。❸働く中で自分が空士の仕事に本当に向いているかどうかを見極め、向いているとわかったなら、その後はしっかりと空士として働いていきたいと思う。

---

❸正直に心境を打ち明けるのはいいが、中途半端な気持ちで自衛官の職を選んだのではないかという印象を与えかねない。

良い例

私は数年前、入間基地で開催されていた航空祭に行ったことがきっかけで、空士として働きたいと思うようになった。

私はもともと飛行機が大好きで、飛行機にかかわる仕事がしたいと漠然と考えていた。そんなとき、航空祭に行き、ブルーインパルスという航空自衛隊アクロバットチームによる飛行ショーを間近に見て、その華麗かつダイナミックな演技にとても感動したのである。それ以来、私は航空自衛隊の仕事に大きな関心を寄せるようになった。そして、航空自衛隊について調べるうちに、ぜひとも自衛官になりたいと思うようになったのである。

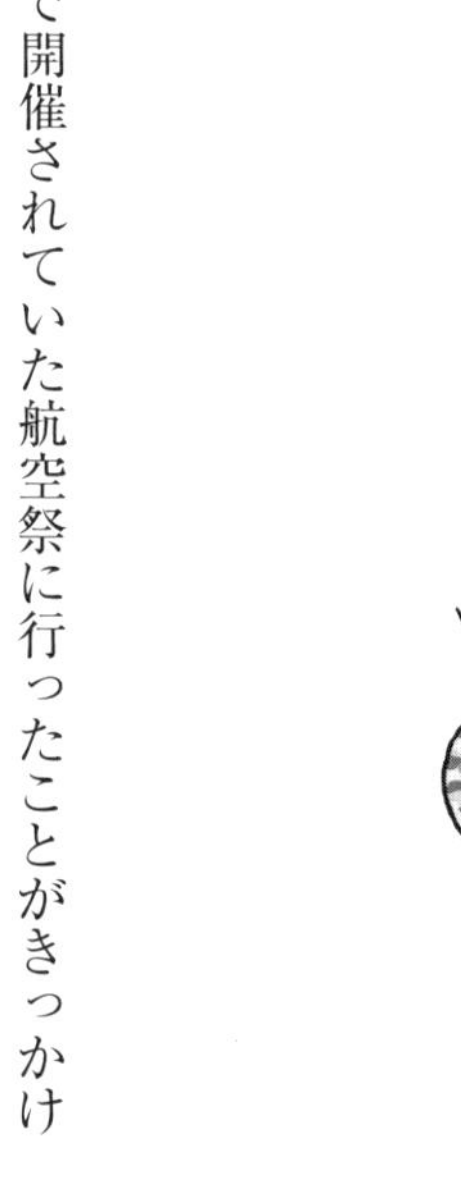

解答例から学ぶ

レベルアップ講座

ここがポイント

動機と自衛官の仕事に対する認識を結びつける

動機は人によって違うのは構わないが、自分の具体的な経験から結びつけることは、説得力があってよい。ただし、単なるあこがれ的な気持ちや勤務体系の良さなどだけを書いていていては、認識の甘さを指摘され、合格には程遠くなる。あこがれであっても、その熱い思いが自衛官の具体的な仕事に結びついて動機になったことを的確に書くことが必要だ。

ここもチェック

意識の高さと熱意をアピールしよう

結論としてまとめる際に、悪い例のように「本当に向いているかどうかを見極め、向いているとわかったなら」などと書いていては、自衛官として働く意欲を感じることはできない。応募した意識の高さをアピールするためにも、「働

大好きな飛行機に囲まれて働けるだけでなく、航空自衛官は国家公務員で給料や身分が安定している点や雇用が安定している点に魅力を感じたのも、自衛官を志望した正直な理由の一つである。しかし、それ以上に国の平和と独立を守るという自衛隊の使命に共鳴し、自分も協力することができればと考えるようになったのが、自衛官に応募した最大の理由である。

ただ、自分にとって空士という職が適しているかどうかは実際に働いてみないとわからないと思ったため、今回はひとまず任期制自衛官に応募した。だが、自衛官として働くからには強い責任感を持って職務に臨みたいと思っている。日本の平和と独立を守るため、身を挺して働く所存である。

くからには強い責任感を持って職務に臨みたい」「日本の平和と独立を守るため、身を挺して働く所存である」と書きたい。

動機では、何より、自衛官の仕事を理解した上でなりたい、という熱意を伝えることが大切だ。

応用

例題で練習しよう

「あなたが目指す理想の自衛官像とは」／「自衛官の仕事についての理解度はどのくらいだと思うか」／「自分の中で自衛官になりたい気持ちの大きさはどのくらいか」／「自衛官採用試験に臨んで注意すべきことは何か」

STEP 2 アイデアの斬新さを問う①

テーマ「あなたの理想とするリーダー像について述べよ」

悪い例

リーダーに求められている役割とは、集団を代表し、統率することである。集団のリーダーは、❶その集団にふさわしい発言や行動をすることが要求される。また、リーダーとは部下を導く存在である。したがって、リーダーとして人の上に立つ人間は、部下の見本となるような正しい行動をとれる人物でなければならない。

つまり、一般に理想のリーダー像とされるのは、❷集団を代表するにふさわしい資質を有し、自らがよき見本となって部下を導いていくことのできる人物ということになる。さらに、自衛隊においては、上に立つ人間に対

評価

構成	用法・語法	個性
B	C	C

どこにでも書かれているようなことばかりで、独自の考えや思いが伝わらず、課題に対する理解力も感じられない。具体的な例を基に、自分自身の熱い思いを率直に伝えることが大切だ。

❶ 漠然としていて、理想のリーダー像が見えてこない。テーマに対する理解の浅さが感じられる。

❷ 抽象的なことばかりで具体例が挙げられていないため、説得力に欠ける。

❸ きれいごとが並べ立てられ

して部下は自らの命を預けることになる。民間企業におけるリーダーには、そこまでの役割は期待されていない。自衛隊におけるリーダーには、より高次の資質が要求されているのである。人の命を預かるということには、非常に重い責任がある。❶自らの命を信頼して預けることのできるようなリーダーというのが、私の理想とするリーダー像であるが、人の命を預かるという重責を全うするためには、部下からの信頼を得ることが必要となってくる。信頼できないような人物に命を預けることはできないからだ。

❸私は曹として士の上に立つべく、自己の鍛錬を日々行っていきたいと考えている。そして、部下の信頼を得るべく、心身ともに修練を重ね、理想のリーダーとなれるように精進していきたい。

ているという印象。一般によく言われていることを述べていては独創性がない。オリジナルな考えを述べること！

良い例

　リーダーに求められている役割とは、集団を代表し、統率することである。集団のリーダーには、学校の校長なら包容力、ベンチャー企業の社長なら独創性などというように、その集団にふさわしい発言や行動をすることが要求される。また、リーダーとは部下を導く存在である。したがって、リーダーとして人の上に立つ人間は、部下の見本となるような正しい行動をとれる人物でなければならない。
　つまり、一般に理想のリーダー像とされるのは、集団を代表するにふさわしい資質を有し、自らがよき見本となって部下を導いていくことのでき

解答例から学ぶ

レベルアップ講座

ここがポイント

抽象的な表現ではなく具体的な事例を入れる

どこかで読んだことがあるような理想論や抽象的なことばかり書いていては、課題にある「あなたの」に応えられていないことが明白だ。個性やオリジナリティを出すには、自分自身の考えや思いを書くことが大切で、そのためには、「学校の校長なら包容力」「ベンチャー企業の社長なら独創性」など、自分が実際に感じたことを具体的な事例として書くとよい。

ここもチェック

一般論だけではなく独自の思いを書こう

例などを挙げて一般論から話を進めた場合でも、最終的には自分独自の思いを書くことで、考えがしっかり伝わるということを覚えておこう。ただし、表面的なきれいごとばかりにならないように気をつけよう。

る人物ということになる。例えば、自衛隊という集団は、国の平和と独立を守るという使命を負っている。この使命を果たすため、一致団結することと、規則を厳守すること、責任を持って職務を果たすことなどが求められている。したがって、自衛隊のリーダーの資質として求められるのは、統率力と厳格さ、責任感ということになる。

このような資質を持っていて、部下に慕われるリーダーというのが、私の理想である。そうなるために、人一倍自己の鍛練を行っていきたいと考えている。ほかの集団とは異なり、自衛隊において部下はリーダーに自らの命を預けることになる。部下の命を預かることに対して責任を果たし、部下からの信頼を得られるよう、心身ともに修練を重ね、理想のリーダーとなれるように精進していきたい。

応用

例題で練習しよう

「リーダーに必要な要素とは何か具体例を挙げて述べよ」／「あなたがリーダーになった場合どのように部下に接するか」／「選ばれたリーダーに対する部下としての接し方で大切なことは何か」／「組織の在り方についてあなたが理想とするのはどのような形か」

STEP 2 アイデアの斬新さを問う②

テーマ「団体生活で気をつけるべきこととは何か」

悪い例

❶団体生活ではさまざまなことに気をつけなければならない。気をつけるべきことはたくさんある。それらを気にかけない人間は、団体生活をうまくやっていくことができないのではないだろうか。団体生活において必要なことは、いろいろなことに気をつけることである。

❷また、団体生活ではさまざまな規則が設けられているが、規則を遵守することは、個人がそれぞれ快適に過ごすため必要なことである。団体生活では他者に対する配慮が必要なのである。他者に対して気遣いをすることを忘れてしまっては、集団内でさまざまな衝突が起きる。自分勝手な行動

評価

構成	用法・語法	個性
B	C	C

構成的には悪くないが、その流れが活かされていない。当たり前のことばかりで、内容に引き込まれないからだ。アピールするためには、何より独自性を出すことが大切だ。

❶出題テーマをただ繰り返しているだけで中身がない。序論は導入部として重要なところである。もっと引き込まれるような内容を書くようにしよう。

❷本論では具体例などを挙げて論じるとよい。自分の経験に基づいた具体例を挙げ

をとったことが、不和やけんかに発展することもあるだろう。

以上のことから、団体生活において気をつけなければならないのは、協調性のない行動、周囲に対する配慮に欠ける自己中心的な行動であると考えられる。個々人が自分の都合や身勝手な論理をふりかざして行動するようになれば、集団の統率がとれなくなる。団体生活においては、構成メンバーが集団の行動様式に合わせることが求められているのである。❸個々人が常に集団全体のことを考え、他者に対する配慮を忘れないようにすることができれば、集団の和は保たれ、だれしもが快適に生活することができるのではないだろうか。

ることで文章に説得力が増す。

❸テーマに沿って意見を述べてはいるが、一般によく言われていることで独創性が感じられない。何か個性的なアイデアを盛り込むようにしよう。

良い例

団体生活で重要なのは、まず規則をよく守ることである。規則を守ることのできない人間がいると、集団の和が乱れてしまう。また、集団の和を維持するという点では協調性も重要である。集団で行動するうえで、集団のペースに自分のペースを合わせたり、他人に対して思いやりのある態度で接したりということは、協調性がなくてはできない。協調性というのは、団体生活において必要不可欠な資質である。

私は、高校時代に寮生活を経験した。寮生活ではさまざまな規則があった。規則の内容は、個々人がそれぞれ快適に過ごすために、他者に対する

解答例から学ぶ

レベルアップ講座

ここがポイント

構成を活かして読み手を引きつけよう

「序論→本論→結論」という流れは、短い論作文でも内容を確実に伝えるために必要な構成だが、それが活かされていないと逆効果になってしまう。序論ではテーマの内容をインパクトのある書き方で読み手を引きつけ、本論では具体的な事例などを挙げて説得力を増し、結論で本論の根拠を基にした独自の考えをアピールできればバッチリだ。

ここもチェック

独自性と説得力のある文章を書こう

試験官にとって印象に残るのは、やはり独自性と説得力のある論作文だ。ありきたりのことを書いていてはアピール力が弱い。自分独自の考えを強くアピールするためには、その具体的な根拠を書くことが大切だ。

配慮を求めるというものが多かった。他者に対して気遣いをすることを忘れてしまっては、集団内でさまざまな衝突が起きる。実際、自分勝手な行動をとったことが不和やけんかに発展するのを何度も見てきた。

以上のことから、団体生活において気をつけなければならないのは、協調性のない行動、周囲に対する配慮に欠ける自己中心的な行動であると考えられる。個々人が自分の都合や身勝手な論理をふりかざして行動するようになれば、集団の統率がとれなくなる。団体生活においては、構成メンバーが集団の行動様式に合わせることが求められているのである。私の暮らしていた寮には、だれが貼ったのかわからないが、「一人はみんなのために、みんなは一人のために」というポスターがあった。この精神こそ、団体生活を円満に送るための秘訣ではないだろうか。

応用

例題で練習しよう

「団体生活の意義と必要性について」／「あなたがこれまでに経験した団体生活はどのようなものがあるか、また、そこで学んだことは何か」／「自衛隊という団体生活を送るにあたり、あなたはどのような気持ちで臨むか」／「団体行動と個人行動の違いとそれぞれの利点と難点」

STEP 2　アイデアの斬新さを問う③

テーマ「自己の充実のために努力していること、または努力したいことを述べよ」

悪い例

❶自己の充実は、どのようなときに得られるものなのだろうか。私は、何かを成し遂げたときに人間は充実感を得られるものであり、それが自己の充実につながるのではないかと考えている。そこで、自己の充実のために私が提案したいことは、日々何かを続けていくことである。

それは、小さなことであっても大きなことであってもよいと思う。大きなことを成し遂げたとき、確かに人間は成長して自己が充実していくと思うが、たとえどんな小さなことであっても、続けていけば自己の成長と充実につながるのではないだろうか。大きなことでなくても、毎日コツコツ

評価

構成	用法・語法	個性
C	B	C

オーソドックスな書き方をしていては、採点者に強い印象を与えない。特に、個人の特性を知るための課題は、逆に個性や独自性を強く主張できるチャンスなので大事にしよう。

❶疑問文で始めるのはオーソドックスなスタイルである。斬新さをアピールしたいときには避けたほうが無難。

❷だれもが思いつきそうなことを提案しても、高得点は期待できない。もっと目新しいアイディアを出して、採点者にアピールしよう。

と続けていくことの蓄積は確実に自分自身の糧となり、自信へとつながるはずであると私は考えている。日々何かを続けることは、簡単なようでいてなかなか困難なことである。だからこそ、それを成し遂げることができたなら、自己の充実につながるのではないだろうか。

そこで、自己の充実のために私が努力したいのが、❷体を鍛えるために毎日運動をするということである。これは、自衛隊で働くうえでも役に立つはずである。例えば、毎日数キロメートル走るということを続けていけば、肉体も変化していき、必ず自己の充実につながるはずである。私は、これからこの計画にのっとって、毎日のジョギングを日課にしていきたいと思う。

良い例

何かを成し遂げたとき、人間は充実感を得られるものである。それが、自己の充実につながるのではないかと考えている。そこで、自己の充実のために私が提案したいことは、日々何かを続けていくことである。

それは、小さなことであっても大きなことであってもよいと思う。大きなことを成し遂げたとき、確かに人間は成長して自己が充実していくと思うが、たとえどんな小さなことであっても、続けていけば自己の成長と充実につながるのではないだろうか。大きなことでなくても、毎日コツコツと続けていくことの蓄積は確実に自分自身の糧となり、自信へとつながる

解答例から学ぶ

レベルアップ講座

ここがポイント

まずは書き出しでアピールを

課題に対する問題点を疑問文で書き出す手法は、斬新だと思うかもしれないが、実は論文などでは多く使われる手なので避けたい。むしろ、例文にあるように、課題に対する疑問点の答えを言い切る形で書き出したり、いきなり具体的な事例を書くなど、最初からインパクトのある書き方をすることで斬新さをアピールできる。

ここで差がつく

誰もしていないようなことを書こう

斬新さを含め、独自の考えをアピールすることの重要性は別のステップでも説明したが、ここでは実際に自分がしていることやしたいことをアピールできるので、その効果は大きい。ぜひ、誰もしていないようなことを書こう。ただし、嘘を書くことは厳禁なので、

はずであると私は考えている。日々何かを続けることは、簡単なようでいてなかなか困難なことである。だからこそ、それを成し遂げることができたなら、自己の充実につながるのではないだろうか。

そこで、自己の充実のために私が努力したいのが、毎日「未来日記」をつけるということである。「こうありたい」と思う未来の自分を想像して、それをノートに記すのである。私は、この「未来日記」をつけるようになってから、今の自分に足りないものに気づくことができるようになり、理想の自分に近づくためには何をしなければならないのかがはっきりわかるようになった。私は、「未来日記」をつけることで、これからも自らを磨く努力をしていきたいと考えている。

普段の生活から「努力したいこと」を気にして、実践することが大切だ。

応用　**例題で練習しよう**

「自己を充実させるとはどういうことか、また、その重要性についてあなたの考えを述べよ」／「努力することによって得るものは何か、また努力した結果についてどう思うか」／「努力している人に対するあなたの思いを述べよ」

STEP 3 時事問題の知識をアピールして書く①

テーマ「私の考える環境対策」

悪い例

環境対策と聞いて、まっさきに思い浮かぶのは、地球温暖化の問題である。このまま地球温暖化が進むと、❶さまざまな問題が生じるといわれている。地球温暖化の原因となっているのは、温室効果ガスである。温室効果ガスの排出を抑えることが、地球温暖化対策において急務となっている。

❷温室効果ガスの排出量削減については、世界各国で取り組む必要がある。地球温暖化は一国だけの問題ではなく、まさに地球規模で取り組むべき問題である。そうでなければ、地球温暖化の進行を食い止めることはできない。では、私個人としては、地球温暖化の抑制のために何ができるのだろうか。温室効果ガスのうち、大きな割合を占めているのが二酸化炭素であ

評価

構成	用法・語法	個性
B	C	C

地球温暖化対策について、結論を自身の取り組みにつなげる構成はよい。しかし、問題の具体例や世界の動向などには触れておらず、時事問題に対する知識の薄さが露呈してしまった。

❶「さまざまな問題」とは、どのような問題なのかを示す。

❷地球規模の取り組みについて論じるなら、地球温暖化の課題に向き合う世界の動きを盛り込みたい。

❸説明が回りくどい。リデュ

る。ふだんの暮らしの中では、ゴミを処理するときや冷暖房を使用したときに二酸化炭素が排出される。自動車の排気ガスにも二酸化炭素は含まれている。

そこで、二酸化炭素の排出抑制対策として、❸ゴミを減らすために、ゴミとなるものは買わない習慣を身につけることや、再利用を心がけて実践していくことが必要となる。私は、できる限りそれを実行するようにしている。具体的には、服や雑誌などを古着屋や古本屋に売る、リサイクルできるビンや缶に入った食料品を買う、過剰な包装は断る、エコバッグやマイ箸を持参する、などを続けている。継続してゴミを減らすことを意識して日々行動することで、ゴミの削減を目指していきたい。さらに、自転車や公共の交通機関を利用したり、クールビズや節電を心がけたりするなどして、二酸化炭素排出量削減という点から自らの行動を一つひとつ吟味し、地球温暖化の防止のためにできることを実行していきたい。

ース、リユース、リサイクルなど環境にまつわる用語を使うことで、知識をアピールしたい。

良い例

環境対策と聞いて、まっさきに思い浮かぶのは、地球温暖化の問題である。大気や海洋の温度は年々確実に上昇しており、異常気象や海面の上昇、干ばつを引き起こすなど、世界中の自然や暮らしへ与える影響が危惧されている。地球温暖化の原因である温室効果ガス、中でもその大部分を占める二酸化炭素の排出量を抑えることが、地球温暖化対策において急務となっている。

温室効果ガスの排出量削減については「パリ協定」に従って世界各国で取り組む必要がある。我が国も二〇五〇年までにカーボンニュートラルを目指すことを宣言している。では、私個人としては、脱炭素社会実現のた

解答例から学ぶ

ここがポイント

課題と対策は具体的に述べる

5W1H（いつ、誰が、どこで、何を、なぜ、どのように）がはっきりした文章を書くようにしたい。問題の本質は何で、その課題に対して誰がどのような対策をとっているかを示したうえで、自分の考察を述べる。

ここがポイント

時事問題では知識が問われる

温暖化問題を地球規模で論じる場合、二〇一五年に国連気候変動枠組条約締約国会議（COP21）で採択された「パリ協定」など、問題に向き合う現在の世界の大きな動きにも触れておきたい。また、テーマにより国や民間企業、地方行政などの最新の実例も挙げることで論拠に説得力が増す。ぼんやりした内容だと知識の浅さが見えてしまうので注意したい。

めに何ができるのだろうか。ふだんの暮らしの中でも、ゴミを処理するときや冷暖房を使用したときなど二酸化炭素が排出され、自動車の排気ガスにも二酸化炭素は含まれている。

そこで、二酸化炭素の排出抑制対策として挙げられるのが、リデュース、リユース、リサイクルの3Rだが、それを実践していくことは有効である。※私も、その3Rをできる限り実行するようにしている。具体的には、服や雑誌などを古着屋や古本屋に売る、リサイクルできるビンや缶に入った食料品を買う、過剰な包装は断る、エコバッグやマイ箸を持参する、などを続けている。継続してゴミを減らすことを意識して日々行動することで、ゴミの削減を目指していきたい。さらに、自転車や公共の交通機関を利用したり、クールビズや節電を心がけたりするなどして、二酸化炭素排出量削減という点から自らの行動を一つひとつ吟味し、地球温暖化の防止のためにできることを実行していきたい。

ここがポイント　テーマに沿った最新用語を採り入れる

※「脱炭素社会」「3R」（リデュース（発生を減らす）、リユース（再利用）、リサイクル（再資源化））など、テーマに沿った用語を積極的に使うことで、知識のアピールにもなり、表現を簡潔にすることができる。

応用　例題で練習しよう

「環境を考えたこれからの生活と社会」／「私が考えるSDGs」

テーマ「公共のマナーについて述べよ」

悪い例

私は近ごろ、公共の場でのマナーが悪化しているように感じられる。❶電車に乗れば周囲の迷惑をまったく顧みて❷携帯電話で話をしている人や、化粧をしている人などがおり、道を歩けばごみのポイ捨てや自転車の放置などをしている人を見かける。

マナーは、人間が社会で快適に過ごすためにあるものである。つまり、マナーとは他者に不愉快な思いをさせないための最低限のルールなのだ。そのマナーを多くの人が厳守して守らなく❸なってきているのは、自分の行為が他者にどのような印象を与えるのかに対する想像力の欠如に加えて、「自分さえよければよい」という利己的な考え方が浸透しているからでは

評価

構成	用法・語法	個性
B	C	B

社会で生活するにあたり、公共のマナーの低下が現実に起きている例を具体的に書いているのは良いが、節々で文法の誤用があると趣旨が明確に伝わってこない。

❶ 主語と述語が対応していない。主語と述語が離れているときに起こりがちなので注意するように。「私は」（主語）→「感じられる」（述語）、「公共の場において大事なこと」（主語）→「意識することが大事だ」（述語）

ないだろうか。例えば、自転車が歩道にはみ出して車椅子利用者の通行を妨げる可能性があるとは想像もしないし、想像したとしても自分の用事を済ませたいという気持ちを優先させるという心理がおそらく働いているのだ。❷

しかし、個々人が自己中心的にふるまえば、社会の秩序が崩壊してしまう。公共の場においてマナーを守ることは、私たちが快適に暮らすために必要不可欠な条件である。公共の場において大事なことは、自分の行動を客観的に判断するよう想像力を働かせ、他者に対する配慮を常に意識する❶ことが大事だと私は考えている。私たちは他者とのかかわりなしには生きていけない。だからこそ、公共のマナーを守り、他者と心地よい関係を保っていくことが大切になるのである。

❷副詞の不対応。呼応の副詞があるときは、あとに決まった語句がくる。「まったく」→「顧みて」(不対応)、「おそらく」→「だ」

❸重複表現には気をつける。「頭痛が痛い」と同じで誤用しないように。

良い例

私は近ごろ、公共の場でのマナーが悪化しているように感じる。電車に乗れば周囲の迷惑をまったく顧みず携帯電話で話をしている人や、化粧をしている人などがおり、道を歩けば、ごみのポイ捨てや自転車の放置などをしている人を見かける。

マナーは、人間が社会で快適に過ごすためにあるものである。つまり、マナーとは他者に不愉快な思いをさせないための最低限のルールなのだ。そのマナーを多くの人が守らなくなってきているのは、自分の行為が他者にどのような印象を与えるのかに対する想像力の欠如に加えて、「自分さえよければよい」という利己的な考え方が浸透しているからではないだろ

序論　本論

解答例から学ぶ

レベルアップ講座

ここがポイント

主語にはかならず述語が対応している

短い文章では主語を書くと述語が続くので間違いが起こりにくい。長い文章になると、文章の主語に対する結論として述語がなくなっていたり、主語自体見失って言い方が変わってしまうことが起きやすくなる。あまり長い文章を書くのではなく、簡潔な文章を心がけよう。どうしても長めの文章になりうる場合は、書いた主語に対する述語を確認しよう。

ここがポイント

重複表現は無意識で使っている

重複の例をいくつかあげるので参考にしてみよう。

「まず最初」、「あとで後悔する」、「事前予約」、「各自治体ごと」、「プロ並みのレベル」、「ちょっとした豆知識」、「いっぱい入れすぎる」

うか。例えば、自転車が歩道にはみ出して車椅子利用者の通行を妨げる可能性があるとは想像もしないし、想像したとしても自分の用事を済ませたいという気持ちを優先させるという心理がおそらく働いているのだろう。
しかし、個々人が自己中心的にふるまえば、社会の秩序が崩壊してしまう。公共の場においてマナーを守ることは、私たちが快適に暮らすために必要不可欠な条件である。公共の場において大事なことは、自分の行動を客観的に判断するよう想像力を働かせ、他者に対する配慮を常に意識することだと私は考えている。私たちは他者とのかかわりなしには生きていけない。だからこそ、公共のマナーを守り、他者と心地よい関係を保っていくことが大切になるのである。

結論

ここで差がつく　**構成を見直してみよう**

序論　**公共でのマナーの状況**
↓電車内での携帯電話通話、ごみのポイ捨て、自転車の放置で公共のマナーが低下している。

本論　**他者に不愉快な思いをさせないための最低限のルール**
↓人間が社会で快適に過ごすためにあるものである。利己的な考え方が浸透している。

結論　**配慮を常に意識すること**
↓自分の行動を客観的に判断し、他者と心地よい関係を保っていくことが大切。

応用　**例題で練習しよう**

「思いやりの心とはどういうものか」／「やりがいを感じるときは」／「これから挑戦したいこと」／「人に誇れるもの」

STEP 3 時事問題の知識をアピールして書く③

テーマ「あなたが最近関心を持った社会問題について」

悪い例

私が最近関心を持ったのは、高度情報化社会が抱えている問題である。インターネットの世界では、その匿名性ゆえに誹謗中傷や犯罪行為の温床となっており、個人情報の流出などの事件も多発している。また、子どもたちを有害な情報からどのように守るのかという問題もある。❶何を信じていいかわからないほどの情報があふれているのが、高度情報化社会である。

まず、私たちは世の中に氾濫している多くの情報について、正しい情報と誤った情報があるということを知らなければならない。そして、そのうえで自分に❷必要な情報を選択していかなければならない。情報が過剰になっている高度情報化社会において、❷必要となってくるのは、インターネッ

評価

構成	用法・語法	個性
C	C	B

「情報を適切に使いこなす能力が必要」という同じ内容の繰り返しが目立つ。情報化社会の定義やメリット、デメリットなどの例を挙げながら論じないと、主張が希薄になる。

❶ テーマの定義があいまい。

❷ 一つの文中や前後する文で、「必要」が頻出している。

❸ 「ネットリテラシー」「メディアリテラシー」など、情報化社会を語るうえでのキーワードとなる用語を使いたい。

ト上の情報の真偽を判断したうえで❷必要な情報を取捨選択し、活用していく能力である。つまり、❸情報を使いこなす能力が❷必要となるのである。

　そのためには、情報教育が❷必要となる。❹情報教育は、情報を使いこなす能力を獲得するうえで重要な取り組みである。情報教育を通じて情報モラルを育み、有害情報への対応などについて学んでいくべきである。政府も❺さまざまな法律を制定するなどして取り組みを進めているが、インターネット上の事件や有害情報から身を守るためには、情報と向き合い、情報を適切に活用できる能力を自分自身が身につける❷必要がある。

　情報というものは本来、私たちの暮らしを豊かにするはずのものである。インターネットの普及によって、❻私たちはいろいろなことができるようになった。❻高度情報化社会の到来には、メリットもあるのである。高度情報化社会をより豊かに生きていくために、私たちは❸情報を使いこなす能力を獲得していかねばならない。

---

❹ 社会における情報教育の現状にも触れたい。

❺「さまざまな法律」ではなく、制定された具体的な法律を入れる。

❻ 情報化社会の具体的なメリットが書かれていない。

良い例

私が最近関心を持ったのは、高度情報化社会が抱えている問題である。インターネットの世界では、その匿名性ゆえに誹謗中傷や犯罪行為の温床となっており、個人情報の流出などの事件も多発している。また、子どもたちを有害な情報からどのように守るのかという問題もある。高度情報化社会の現在、インターネットの情報との向き合い方が問われている。

まず、私たちは世の中に氾濫している多くの情報について、正しい情報と誤った情報があるということを知らなければならない。そして、そのうえで自分に必要な情報を選択していかなければならない。情報が過剰になっている高度情報化社会において求められるのは、インターネット上の情

解答例から学ぶ

レベルアップ講座

ここがポイント

序論ではこれから何を述べていくのか明確に

序論では、これから何を述べていくのかの話題を明確に提示する。テーマの定義があいまいだと、次の文章への展開がぼやけて、結論で訴えたいことが弱まる。

ここがポイント

同じ言葉ばかりを繰り返さない

一つの文中や前後する文章で、同じ言葉を連続して使用することは、文章がたどたどしくなるので避ける。同義語を使った別の表現にすることを心がけたい。

ここがポイント

時事問題ではキーワードが大切

「ネットリテラシー」「メディアリテラシー」など、行政の公式文書や報道などで、近年使われるようになった用語は、テーマのキーワードとなることが多い。

報の真偽を判断したうえで適切な情報を取捨選択し、活用していく能力である。つまり、ネットリテラシーが必要となるのである。

そのためには、情報教育が欠かせない。小学校学習指導要領でも情報活用能力を「学習の基盤となる資質・能力」と位置づけているように、情報教育を通じて情報モラルを育み、有害情報への対応などについて学んでいくべきである。不正アクセス禁止法や個人情報保護法などの法律も制定されているが、高度情報化社会では、ネットリテラシーの不足により自分が被害者にも加害者にもなる可能性がある。

情報というものは本来、私たちの暮らしを豊かにするはずのものである。インターネットの普及によって、データでの情報のやり取りが増え、省資源につながっている。また、在宅ワークや電子商取引など、受けられる恩恵も大きい。高度情報化社会をより豊かに生きていくために、私たちはネットリテラシーを獲得していかねばならない。

一般常識として知っておきたい法律

教育分野では学習指導要領の概要、また、分野に限らず、近年制定され、報道などで広く注目された主要な法律は、一般常識として知っておきたい。社会の状況を語るうえで、具体例として挙げると、論旨に奥行きが出る。

例を挙げる場合は特殊な例だけにしない

一つの事柄に対し、デメリットとメリット双方を書く。また、その例を具体的に述べる。多くの人が納得できる実例を複数並べると良い。

応用

例題で練習しよう

「高度情報化社会に必要なものは何か」／「ICT（IOT、AI）の活用について」

STEP 3　自衛官の姿勢について書く①

テーマ「愛国心について述べよ（自衛官候補生）」

悪い例

自分の生まれた国、自分の暮らす国を愛することは、よいことである。このことに異を唱える人は、まずいないだろう。しかし、愛国心教育となると必ず反発する人々が出てくる。❶国を愛するということに対して、なぜ反対なのかはよくわからない。自分の国を愛する気持ちを持つことは決して悪いことではないと思う。愛国心というとナショナリズムの問題もからんでくるが、日本人は愛国心教育に対してあまりに過剰反応する傾向があるのではないだろうか。

❷近ごろ、その愛国心教育に関する動きが高まっているが、これに反発が起きている。しかし、自分の国を深く理解し、愛することは、グローバル

評価

構成	用法・語法	個性
B	C	C

知識不足により、問題提起はあっても独自の考えが書かれていないため、意識の低さを感じてしまう。普段からニュース全般、特に自衛隊と関係のある話題はチェックするように。

❶愛国心教育に対する反発があるのはなぜか、背景知識の不足が露呈してしまっている。また、自分と異なる立場の人の議論を理解しようとしない狭量さも感じられる。

❷「愛国心」が新学習指導要領に盛り込まれたことはメ

化が進行している現在の世界においては重要なことだと思う。なぜなら、グローバル化する世界においては国と国の境目が希薄になり、自己の所属する世界がどんどん肥大化していく。そして、世界中がアメリカなどの大国の文化に同化していき、独自の価値観や伝統が破壊され、画一化、均質化するおそれがある。これでは、自我の拠りどころを失う可能性がある。

自分の国の文化というものは、自我形成に大きな役割を果たす。自分の国の伝統と文化について理解し、自分の国を愛することで、国は自我の拠りどころとなり、自我が形成されていくのである。だからといって、自国の文化にしがみつき、その優位性を主張するのはよくないことである。自国の文化同様、他国の文化についても理解を示し、③共存の道を模索していくことが、グローバル化する世界では必要となる。日本の国民が愛国心を抱くことができるかどうか、今後の愛国心教育の動向から目が離せない。自分の国を深く理解し、愛せるようになるよう、国の政策に期待したいところである。

ディアでも大きく取り上げられていた。愛国心に関する最近の動きとして、ぜひとも触れておきたい。

③与えられた課題について、まるで評論家のように論じるのは、悪印象。問題の解決にはどうすべきなのか、自分なりの対策や考えを述べるようにしよう。

良い例

自分の生まれた国、自分の暮らす国を愛することは、よいことである。このことに異を唱える人は、まずいないだろう。しかし、愛国心教育となると必ず反発する人々が出てくる。その理由は、ナショナリズムに対する危惧のためではないだろうか。かつて日本は、行き過ぎたナショナリズムの高揚が戦争へと結びついてしまったという過去がある。この反省から、愛国心教育に対して過剰反応する傾向があるのではないだろうか。

新学習指導要領において、わが国の伝統と文化に親しみ、国を愛する心をもつという「愛国心」の育成が盛り込まれたときにも反発が起きた。しかし、自分の国を深く理解し、愛することは、グローバル化が進行してい

序論

解答例から学ぶ
レベルアップ講座

ここがポイント

ブレインストーミング

愛国心について
↓
愛国心教育に対する反発があるのはなぜか？
行き過ぎたナショナリズムの高揚が、過去に戦争を引き起こしてしまったため。
↓
なぜ愛国心を持つことが大切なのか？
グローバル化が進む中、独自の価値観や伝統が崩壊し、文化が画一化、均質化していくおそれがあり、自我の拠りどころとなる愛国心が必要である。
↓
愛国心を抱くためにはどうすべきか？
自然発生的に愛国心が育まれるのが理想。そのためには自然と国を愛せるような国づくりをめざすことが先決である。

ここで差がつく

構成を見直してみよう

序論　**愛国心教育について**

る現在の世界においては重要なことだと思う。なぜなら、グローバル化する世界においては国と国の境目が希薄になり、自己の所属する世界がどんどん肥大化していく。そして、世界中がアメリカなどの大国の文化に同化していき、独自の価値観や伝統が破壊され、画一化、均質化するおそれがある。これでは、自我の拠りどころを失う可能性がある。

自分の国の文化というものは、自我形成に大きな役割を果たす。自分の国の伝統と文化について理解し、自分の国を愛することで、国は自我の拠りどころとなり、自我が形成されていくのである。だからといって、自国の文化にしがみつき、その優位性を主張するのはよくないことである。自国の文化同様、他国の文化についても理解を示し、共存の道を模索していくことが、グローバル化する世界では必要となる。また、愛国心は、外部からの強制によってではなく、自己の内部から自然発生的に育まれるのが理想的なあり方であると私は考えている。そのためには、自然と国のことを愛せるような国づくりをめざすことが先決である。

本論　結論

→多角的な視点で論ずることが必要。

本論　**愛国心を持つ意義**

→新学習指導要領に「愛国心」が盛り込まれるなど、愛国心教育に関する動きが高まっている。

→グローバル化している社会では、自国について深く理解し、愛することが自我の拠りどころとなる。

結論　**愛国心を持つためには**

→自然と愛国心が育まれるように、よい国をつくりあげることをめざす。

応用

例題で練習しよう

「自衛官として国民に愛国心を育んでもらうためには何をすべきだと思うか」／「日本と他の国の愛国心の在り方の違いについて思うところを述べよ」／「愛国心に関するマスコミのニュースをどう感じるか」

テーマ「自衛隊の国際貢献について述べよ（自衛官候補生）」

悪い例

日本は従来、国連の平和維持活動に対して財政的な支援を行うものの人的な支援、つまり自衛隊を派遣することは行ってこなかった。しかし、❶世界情勢の変化などのさまざま事情があって、これまで国内の活動に限定されていた自衛隊の海外派遣が検討されるようになった。

❷自衛隊を海外に派遣するための法整備も整い、これにより、国連の平和維持活動に協力するために自衛隊を海外に派遣することが可能となった。以来、ペルシャ湾での機雷の掃海作業を皮切りに、カンボジアやイラクなど、さまざまな国に自衛隊が派遣されるようになっている。

❸自衛隊は、さまざまな土地で国際貢献活動を行っている。スマトラ沖地

評価

構成	用法・語法	個性
B	C	C

課題について一般的に知られているような内容だけだと、評価は低い。より専門的な知識を盛り込むことが大切だ。体験談や直接知り得た知識などと絡めて書くと説得力が増す。

❶この「さまざまな事情」について説明できるかどうかが、専門分野にかかわる出題で高得点を取れるかどうかの鍵となる。

❷自衛隊の海外派遣の根拠となっているのがPKO法案である。自衛隊に関する重要法案は、しっかり押さえ

震およびインド洋津波が発生したときには、インドネシア、タイに千人以上の自衛官が派遣され、陸上自衛隊・航空自衛隊・海上自衛隊によって救援物資の輸送や医療支援が行われた。

　国際貢献として自衛隊が海外に派遣されることに対する反対の声も聞かれるが、スマトラ沖地震およびインド洋津波の発生時のように、人道支援を行うことは大きな国際貢献になる。こうした軍事力の行使によらない支援活動こそ、平和憲法を掲げる日本にできる国際貢献ではないかと思う。

　このような国際平和協力活動でリーダーシップをとっていくことで、日本独自の意義ある国際貢献ができるのではないだろうか。❹アメリカ同時多発テロの発生後にも海外への派遣が行われたが、今後、自衛隊の海外派遣の規模・回数は大きくなっていくと予測される。自衛隊が実りある国際貢献ができるように、私も自衛官の一人として尽力できればと考えている。

ておくようにしよう。

❸ 自分の体験や見聞と絡めて論じることができると、読み手をひきつける文章となる。

❹ 重要法案である「テロ対策特別措置法」「イラク人道復興支援特別措置法」は知識としてアピールしたいところ。

良い例

（序論）
日本は従来、国連の平和維持活動に対して財政的な支援を行うものの人的な支援、つまり自衛隊を派遣することは行ってこなかった。しかし、湾岸戦争の勃発以後、国際政治の問題を各国の協力のもとで解決する必要性が高まり、日本にもより積極的な支援を求める声が国の内外から強まった。そのため、これまで国内の活動に限定されていた自衛隊の海外派遣が検討されるようになった。

（本論①）
一九九二年にはPKO法案が国会で可決され、これにより、国連の平和維持活動に協力するために自衛隊を海外に派遣することが可能となった。以来、ペルシャ湾での機雷の掃海作業を皮切りに、カンボジアやイラクな

解答例から学ぶ
レベルアップ講座

ここがポイント　ブレインストーミング

国際貢献
↓財政的な支援だけではなく、人的な支援が求められるようになった。
↓国際協力の機運の高まり。

自衛隊の海外派遣
↓「PKO法案」「テロ対策特別措置法」「イラク人道復興支援特別措置法」などの法整備が整い、自衛隊の海外派遣が可能になった。

日本の国際貢献のあり方とは?
↓国際平和協力活動でリーダーシップをとっていくようにする。

ここで差がつく　構成を見直してみよう

序論　**国際貢献としての自衛隊の海外派遣**
↓国際協力の機運の高まり。
本論①　**自衛隊の海外派遣の実績**

ど、さまざまな国に自衛隊が派遣されるようになっている。

　自衛隊が国際貢献として海外でも活動していることを私が知ったのは、スマトラ沖地震およびインド洋津波が発生した際に行われた国際緊急援助活動の様子を新聞で読んだことがきっかけである。このとき、インドネシア、タイに千人以上の自衛官が派遣され、陸上自衛隊・航空自衛隊・海上自衛隊によって救援物資の輸送や医療支援が行われた。国際貢献として自衛隊が海外に派遣されることに対する反対の声も聞かれるが、スマトラ沖地震およびインド洋津波の発生時のように、人道支援を行うことは大きな国際貢献になる。こうした軍事力の行使によらない支援活動こそ、平和憲法を掲げる日本にできる国際貢献ではないかと思う。

　このような国際平和協力活動でリーダーシップをとっていくことで、日本独自の意義ある国際貢献ができるのではないだろうか。テロ対策特別措置法やイラク人道復興支援特別措置法が成立して海外への派遣実績ができたことで、今後、自衛隊の海外派遣の規模・回数は大きくなっていくと予測される。自衛隊が実りある国際貢献ができるように、私も自衛官の一人として尽力できればと考えている。

結論　　本論②

本論②　日本が海外で行っている活動
↓軍事力の行使によらない支援活動。
結論　日本独自の国際貢献
↓国際平和協力活動でリーダーシップをとっていくことで、日本独自の国際貢献ができるのではないか。

応用

例題で練習しよう

「自衛官として国際貢献に取り組む気持ちはどのようなものか述べよ」／「PKO法案をはじめとした自衛隊の海外派遣の法整備についてどう思うか」／「日本独自の国際貢献と他の国の国際貢献との違いについて」／「自衛隊が国際貢献をするにあたっての国際情勢の変化について思うところを述べよ」

STEP 3 自衛官の姿勢について書く③

テーマ「自衛隊の災害派遣について述べよ（一般曹候補生）」

悪い例

地震・台風や大規模な事故などの災害が起きた際、自衛隊は公共の秩序の維持、人命・財産の保護などにあたることになっている。❶災害現場においては公共の秩序が乱れ、人命・財産は危険にさらされるため、自衛隊が秩序の維持、人命・財産の保護にあたることは非常に重要な任務である。自然災害の多い日本においては、自衛隊の災害派遣に対するニーズは特に高いといえるのではないだろうか。

私は、❷被災地で自衛官が懸命に救援活動を行う姿をテレビの映像で初めて目にしたとき、人命救助という尊い仕事に感動を覚えた。その後も、❷大きな自然災害が発生することがあったが、そのたび、自衛隊が被災地にか

評価

構成	用法・語法	個性
C	C	C

自分と関わりのない内容を、具体的な事例にも触れず書き連ねていては、説得力がまるで感じられない文章になってしまう。また、うろ覚えの知識は評価にとって逆効果になる。

❶内容のない文章を繰り返さないこと。ここでは、自衛隊が災害時にどのような活動を行うのかに言及するとよい。

❷自衛隊が災害派遣されたときの具体例を示すと説得力が増す。

けつけて救援活動を行う様子をテレビで見るようになった。そして、次第に私も自衛官として人の役に立つ仕事をしたいという思いを強くするようになっていった。

自衛隊の被災地への派遣は、③被災者の人々からの要請の声が上がらないとなかなか実施されない。しかし、人命救助は一刻を争うものである。阪神・淡路大震災のときもそうであったが、対応が遅れれば批判を受けることもある。したがって、今後、求められるのは迅速に被災地へ自衛隊を派遣できるようなシステムを作り上げることではないかと私は思う。④自衛隊の自主派遣が認められるようになれば、機動力のある自衛隊は、緊急支援の場においてもっと有効に機能することができるはずである。また、災害時の救援活動におけるノウハウを蓄積して今後に生かしていくことで、国際貢献の現場でもより有効な活動ができるようになるだろう。また、私自身、被災地での救援活動で役立つ人材となれるよう、これからの陸上自衛隊での教育期間中、しっかりと訓練に務めていきたい。

---

③自衛隊の派遣を要請するのは、都道府県知事とその他政令に定める者とされている。間違った事実認識を書かないように注意しよう。

④自衛隊の自主派遣はこれまで行われなかったが、阪神・淡路大震災の反省を踏まえて自主派遣の範囲が広がった。最近の動きについてもチェックしておこう！

良い例

序論

地震・台風や大規模な事故などの災害が起きた際、自衛隊は公共の秩序の維持、人命・財産の保護などにあたることになっている。具体的な活動としては、行方不明者の捜索や人命救助、堤防や道路の復旧、医療活動、人員や物資の輸送などを行うことになる。自然災害の多い日本においては、自衛隊の災害派遣に対するニーズは特に高いといえるのではないだろうか。

本論

私は、東日本大震災の際に、被災地で自衛官が懸命に救援活動を行う姿をテレビの映像で初めて目にしたとき、人命救助という尊い仕事に感動を覚えた。その後も、熊本地震、広島の豪雨、千葉を直撃した台風15号など大きな自然災害が発生するたび、自衛隊が被災地にかけつけて救援活動を

解答例から学ぶ

レベルアップ講座

ここがポイント

ブレインストーミング

自衛隊の災害派遣

↓**どのような活動が行われているのか?**

秩序の維持、人命・財産の保護のための行方不明者の捜索や人命救助などさまざまな活動。

↓**自衛隊の災害派遣についてどう思うか?**

人命救助は尊い仕事であり、私も人の役に立ちたいと思うようになった。

↓**今後の災害派遣に必要なことは?**

迅速に被災地で活動できるようなシステムを構築することやノウハウを蓄積して今後に生かすこと。

ここで差がつく

構成を見直してみよう

序論 **自衛隊の災害時の活動**

↓自衛隊は秩序の維持、人命・財産の保護を行う。

本論 **自衛隊の災害派遣につ**

行う様子をテレビで見るようになった。そして、次第に私も自衛官として人の役に立つ仕事をしたいという思いを強くするようになっていった。
自衛隊の被災地への派遣は、自衛隊法によって都道府県知事等の要請があって行われると定められている。しかし、人命救助は一刻を争うものである。阪神・淡路大震災のときもそうであったが、対応が遅れれば批判を受けることもある。したがって、今後、求められるのは迅速に被災地へ自衛隊を派遣できるようなシステムを作り上げることではないかと私は思う。阪神・淡路大震災の反省を踏まえて自主派遣の範囲も広がっているが、機動力のある自衛隊は、緊急支援の場においてもっと有効に機能することができるはずである。また、災害時の救援活動におけるノウハウを蓄積して今後に生かしていくことで、国際貢献の現場でもより有効な活動ができるようになるだろう。また、私自身、被災地での救援活動で役立つ人材となれるよう、これからの陸上自衛隊での教育期間中、しっかりと訓練に務めていきたい。

結論

いて
→自衛隊は東日本大震災、熊本地震、広島の豪雨、千葉を直撃した台風15号などの大規模災害のたびに、被災地で人命救助にあたっている。

結論　**今後の災害派遣のあり方**
→迅速に被災地で活動できるようなシステムを構築し、救援活動におけるノウハウを蓄積して今後に生かしていくようにする。

応用　**例題で練習しよう**

「自衛隊の災害派遣であなたが具体的に知っているものは何か、またその際、どう感じたか述べよ」／「自衛隊の災害派遣の自然災害にはどのようなものがあるか知る限りのものを述べよ」／「あなたが自衛官として災害派遣に向かう時、どのような気持ちで臨むと思うか」

テーマ「有事に対する備えについて述べよ（一般曹候補生）」

悪い例

有事にもいろいろあるが、ここでは、❶武力侵攻された際の備えについて論じていきたい。日本の国防は、アメリカとの連携のもとにアメリカの軍隊と日本の自衛隊との協力によって行われている。しかし、国防のために❷巨額の国家財源を割く必要があるのかという批判がある。日本は平和な国であり、戦後、日本が他国からの脅威にさらされたことはなかった。しかし、だからといっていつ何があるかはわからない。もしもの際に備えることは非常に重要なことである。

有事が起こらなければそれに越したことはない。しかし、現在、北朝鮮が弾道ミサイルの発射実験を行ったり、核武装を行ったりするなど、日本

評価

構成	用法・語法	個性
B	C	C

ここで最も必要なのは正しい知識による裏付けである。偏った見解は知識の乏しさと共に認識の甘さを露呈することになる。一般曹候補生には、より高度な知識が求められている。

❶日本の国防について論じるなら、日米安保体制には触れる必要がある。

❷具体的な数値を挙げると文章に説得力が増す。

❸二〇〇三年に有事関連三法、二〇〇四年に有事関連七法が成立している。自衛隊に

の平和がいつ脅かされるのかわからない事態になっている。アメリカの同③時多発テロのように、日本でも大規模なテロが起こらないとは限らない。このような状況下で、国民の中には国防といっても何をしているのかよくわからないという人々も多いことだろう。有事の際に、どのように行動するかの指針はあってしかるべきであると私は思う。

④有事に備えるという議論が起こるたび、護憲派の人たちは大々的に反対するが、もし攻め込まれたときに彼らはいったいどうするというのだろうか。自衛隊に守ってもらう気がないとでもいうのだろうか。武力侵攻に対して備えることは、他国から攻め込まれないための抑止力にもなるゆえに、必要なことである。これに対して、戦争への準備との批判もあるようだが、決してそうではない。武力侵攻に対して備えることは、戦争をしないための備えなのだと私は考えている。日本は国防に対して明確な方向性を持ち、十分に備えることが重要である。有事の際には、自衛官は自らの命を盾にして国の安全を守ることになる。私もまた、自衛官として有事に対する備えを怠らず、有事の際には身をもって国を守る覚悟である。

関する情報収集を怠らないように！

④護憲派・改憲派それぞれの言い分があるはずである。偏った立場から決めつけるのではなく、客観的に判断するようにしよう。

有事にもいろいろあるが、ここでは、武力侵攻された際の備えについて論じていきたい。日本の国防は、日米安全保障条約に基づく日米安保体制にのっとって行われている。しかし、国防のために毎年七兆円にも及ぶ巨額の国家財源を割く必要があるのかという批判がある。日本は平和な国であり、戦後、日本が他国からの脅威にさらされたことはなかった。しかし、だからといっていつ何があるかはわからない。もしもの際に備えることは非常に重要なことである。

有事が起こらなければそれに越したことはない。しかし、現在、北朝鮮が弾道ミサイルの発射実験を行ったり、核武装を行ったりするなど、日本

序論

解答例から学ぶ

レベルアップ講座

ここがポイント　ブレインストーミング

有事に対する備え

↓**有事とは？**

国家にとっての非常事態であり、国防にもかかわる。国防は日米安保体制にのっとって行われているということを知っておくことが重要だ。

↓**平和な日本で有事に備える必要性はあるのか？**

万が一の事態に備える必要がある。

二〇〇三年に有事関連三法、二〇〇四年に有事関連七法が成立した。

↓**有事に対して備えることが、なぜ重要か？**

武力侵攻に対する抑止力となり、国防に対する明確な方向性を定めることになる。

ここで差がつく　構成を見直してみよう

序論　**日本の国防**

の平和がいつ脅かされるのかわからない事態になっている。アメリカの同時多発テロのように、日本でも大規模なテロが起こらないとは限らない。こうした動きを受けて、二〇〇四年には有事関連七法が成立し、日本が武力攻撃の対象とされたときに米軍がその排除にあたる行動に対して日本が土地・家屋を提供すること、また、自衛隊が米軍に対して燃料・弾丸を提供することが可能となった。

本論

日本国憲法の第九条をめぐっては、改憲派・護憲派で意見は分かれるだろうが、どちらの立場も戦争を望んでいるわけではないはずである。武力侵攻に対して備えることは、他国から攻め込まれないための抑止力にもなるゆえに、必要なことである。これに対して、戦争への準備との批判もあるようだが、決してそうではない。武力侵攻に対して備えることは、戦争をしないための備えなのだと私は考えている。日本は国防に対して明確な方向性を持ち、十分に備えることが重要である。有事の際には、自衛官は自らの命を盾にして国の安全を守ることになる。私もまた、自衛官として有事に対する備えを怠らず、有事の際には身をもって国を守る覚悟である。

結論

↓日米安保体制にのっとった国防を展開。

本論　**有事に備える必要性**

↓北朝鮮の動きやテロの脅威などにより、有事にどのように備えるかの必要性が高まっている。

↓二〇〇三年に有事関連三法、二〇〇四年、有事関連七法が成立。

結論　**有事に備える重要性**

↓有事に備えることは戦争の回避につながり、武力侵攻に対する抑止力にもなる。

応用

例題で練習しよう

「有事に関する具体的な事例とそれに対する考えを述べよ」／「有事関連法案について知る限りのことを述べよ」／「現在の国際情勢の中での日本の有事対応についてどのように思うか」／「護憲派や改憲派など様々な意見や考えについて知る限りのことを述べよ」

第6章 実践問題

- 課題1
- 課題2
- 課題3
- 課題4
- 課題5

第１章～第５章までをふまえて、実際に小論文を書いてみましょう。本章では、第４章で示したプロセスを導くヒントが示されています。

ブレインストーミング

どのような言葉に心を動かされたか？

どうして心を動かされたのか？

その言葉は、あなたにどのような影響を与えたか？

その経験から得たものを、今後どのように活かしていくか？

何を中心に書くか？

書き出しをどうするか？

どんなことを訴えるか？

文章構成をどうするか？

序論：

本論：

結論：

模範解答

序論

たった一言の言葉が、人を傷つけることもあれば、人を勇気づけることもある。「言霊（ことだま）」というように、言葉には魂がある。魂のこもった言葉は、大きな力を持っている。だからこそ、たった一言の言葉が、人の心を大きく動かすこともある。私が心を動かされたのは、中学時代のソフトボール部の顧問の先生が言った「実力以上のものは出ない」という言葉である。

本論

この言葉を聞いたのは、大事な試合を間近に控えた時期のことで、「実力以上のものは出ない」という言葉を聞いたとき、私は可能性を否定されたようで、一瞬、ひどいことを言うものだと思った。しかし、先生はこのあとに、「しかし、実力は出る」と続けた。たしかに、よほどの条件が整わない限り、本番で実力以上のものを出すことは難しい。「実力以上のものは出ない」という言葉は、身もふたもない言い方だが、真実を言い当て

解答例から学ぶ

レベルアップ講座

ブレインストーミング

❶ どのような言葉に心を動かされたか？
❷ どうして心を動かされたのか？
❸ その言葉は、あなたにどのような影響を与えたか？
❹ その経験から得たものを、今後どのように活かしていくか？

ここで差がつく

構成を見直してみよう

何を中心に書くか？
→言われた言葉の意味を分析し、そこに込められた本当の意味に気づいたことで、考え方がどう変わったかを伝える。

書き出しをどうするか？
→心に響く言葉の感想から書き出し、それを導き出したエピソードに繋げ、興味を抱かせる。

ている。だが、実力以上のものが出せない一方で、平常心でいれば実力は出すことができるのである。不思議なことに、この言葉を聞いて、試合を控えてさまざまな重圧を感じていた心が軽くなるような気がした。ほとんどの場合、実力以上のものは出せないが、逆にほとんどの場合、実力は出せるのである。このことを悟って、私は大きな感動を覚えた。

この言葉を聞いてから、私は日ごろの練習を重視するようになった。実力をつけるには、日ごろの積み重ねしかないと考えたからである。私は、練習のときでも試合と同じように真剣に取り組むようにした。練習のときでも、エラーをしないように心掛けた。その結果、試合でエラーをすることはほとんどなくなった。練習でできたことは試合でもできるはずだという自信につながったからである。「実力以上のものは出ない」。だからこそ、日々努力して実力をつけるように取り組む姿勢が大切なのである。私は、自衛官になっても日ごろの仕事をおろそかにすることなく、物事に真剣に向き合っていきたいと考えている。

結論

どんなことを訴えるか?

↓日々努力して実力をつけるように取り組む姿勢が大切であるということ。

文章構成をどうするか?

↓響いた言葉を聞いた背景や状況を説明し、エピソードに共感性を持たせる。その言葉から自衛官に求められるアドバイスを導き出して結論にもっていく。

課題 2

『責任を持つことの重要性』について、あなたの考えを述べなさい

ブレインストーミング

責任とは何か?

責任を持つことはなぜ重要なのか?

責任の重要性に気づく出来事は何かあったか?

自衛官にとって責任を持つことの重要性は何か?

何を中心に書くか？

書き出しをどうするか？

どんなことを訴えるか？

文章構成をどうするか？

序論：

本論：

結論：

模範解答

責任を持つということは、自分の行為に対する結果を、良いことも悪いことも含めて引き受けるということである。子どもの場合は責任能力がないとして許されることもあるかもしれないが、大人の場合は自分のすべての行為に対して責任を持つことが求められる。

私が責任というものを強く意識するようになったのは、中学校で野球部に入部してからである。団体競技の場合、自分のミスが自分一人のミスでは済まず、チーム全体のミスになる。そこで、チームに迷惑をかけないように、ミスをしないようにと強く意識するようになった。また、試合以外の場面でも自分の無責任な行動で他者に迷惑をかけるようなことがあれば、それは個人の問題で済まされず、チーム全体の連帯責任になってしまう。

自分のプレーや行動には責任を持たなくてはならないということを、私は

序論

解答例から学ぶ

レベルアップ講座

ブレインストーミング

❶ 責任とは何か？
❷ 責任を持つことはなぜ重要なのか？
❸ 責任の重要性に気づく出来事は何かあったか？
❹ 自衛官にとって責任を持つことの重要性は何か？

ここで差がつく

構成を見直してみよう

何を中心に書くか？
↓自衛官として働くうえで、責任を持つということがいかに重要かということ。

書き出しをどうするか？
↓責任を持つということをどのように意識したか、そして、中学時代に団体競技の中で実体験として学んだことにつなげる。

どんなことを訴えるか？
↓自衛官の心構えとして挙げられている五つの徳目に注目し、任務には責任を持つ

中学時代の部活動を通じて学んだ。

そして、責任を持つということは、部活動に限らず一個の人間の生きる姿勢としてとても大切なことである。部活動という枠を、自分の所属する組織、自分の所属する集団に拡大して考えてみるとよくわかる。自分の行為に対して責任を持とうとしないということは、他者の迷惑を顧みず好き勝手に生きるということである。自分の行為が周囲にどのような影響を及ぼすのかを意識することは、いかに生きるかという問題でもある。自分の行為に対して責任を持つということは、自分を取り囲む世界全体のことを考え、自分の生き方を模索していくことにつながるがゆえに、非常に重要なことである。

また、自衛官の心構えとして、使命の自覚、個人の充実、責任の遂行、規律の厳守、そして団結の強化という五つの徳目が挙げられているが、責任を持つということは、この五つの徳目の習得の基本となるのではないかと思う。私は、自衛官として働くうえで、責任を持つということを常に心に刻んで任務に就きたいと思う。

本論

結論

ということが基本になるとアピールする。

文章構成をどうするか?

↓一般的に責任を持つということはどういうことか説明し、自分が実際に経験したことを踏まえて書き、その重要性を伝える。そして、自分の考えを述べ、自衛官としての責任を持つことの大切さと決意でまとめる。

課題 3

『社会のルールと個人の自由』について、あなたの考えを述べなさい

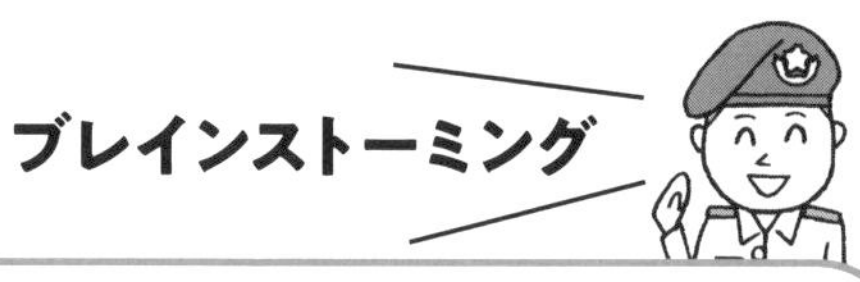

社会のルールとは、どのようなことか？

個人の自由とは、どのようなことか？

社会のルールと個人の自由は、どのような関係にあるか？

社会のルールと個人の自由では、どちらかを優先するべきか？

社会のルールと個人の自由は、両立することができるか？

何を中心に書くか？

書き出しをどうするか？

どんなことを訴えるか？

文章構成をどうするか？

序論：

本論：

結論：

模範解答

日本国憲法の第十三条には「すべて国民は、個人として尊重される」とあり、国民は個人の自由を追求する権利があると明記されている。しかし、この条文には「公共の福祉に反しない限り」という但し書きがつく。つまり、個人の自由を追求する場合には、社会全体の利益を考慮に入れる必要があるということである。

個人の自由を追求するのは、すべての国民に与えられた権利である。同時に、社会のルールを守ることは秩序を守る上で重要な義務でもある。だれもが自由を盾に勝手気ままに行動したのでは、社会の秩序が乱れ、社会全体の不利益になる。権利を主張するには義務を果たす必要があり、義務を果たさない者は権利を主張することができない。

しかし、権利を主張することと、義務を果たすことが一致すればよいの

序論

解答例から学ぶ

レベルアップ講座

ここがポイント

ブレインストーミング

❶社会のルールとは、どのようなことか？
❷個人の自由とは、どのようなことか？
❸社会のルールと個人の自由は、どのような関係にあるか？
❹社会のルールと個人の自由では、どちらかを優先するべきか？
❹社会のルールと個人の自由は、両立することができるか？

ここで差がつく

構成を見直してみよう

何を中心に書くか？
↓社会のルールを守ることの重要性と、国民の権利である個人の自由を追求するにあたって必要なこと。

書き出しをどうするか？
↓日本国憲法での「個人の自由」に関する考えを説明し，

だが、一致しない場合もある。例えば横断歩道を渡りたいと考えていても、赤信号であれば渡ってはいけない。何をするのも個人の自由だといって、社会のルールを破って赤信号で渡れば、混乱を引き起こす可能性がある。この場合、信号を守るという義務を果たすことで道路を安全に渡れるという権利が保障されることになり、利害は一致している。しかし、まったく車も人も通らないような道で、赤信号では道路を渡らないのが社会のルールだからといって、何時間も待っている必要があるのかといえば、私はないと思う。なぜなら、信号そのものが壊れている可能性もあるからだ。

個人の自由を保障するためにも、社会のルールを守ることは必要なことである。現在、自由を追求する権利だけを主張して、社会のルールを守らない人間が多いように感じるが、権利には義務が伴うことを忘れてはいけない。しかし、社会のルールそのものに懐疑的な目を向ける姿勢も、時には必要であると私は考える。そのように、一人ひとりが個人の自由と社会のルールの関係について深く考察していくことが、より良い社会をつくることにつながるのだと思う。

本論　結論

自分の考えにつなげていく。

どんなことを訴えるか?

→国民の権利である個人の自由を追求することや保障することにしても、社会のルールを守ることが必要かつ大切で、それが、よりよい社会をつくることにつながる。

文章構成をどうするか?

→最初に、日本国憲法における個人の自由の定義を述べ、国民の権利として保障されていることを伝える。ただし、そこにも社会のルールがあるということ、そして、社会のルールに対する自分なりの考えを述べながら、個人の自由との関わり方についてまとめる。

課題 4

どのような自衛官になりたいですか、あなた考えを述べなさい

なぜ自衛官になりたいと思ったのか？

どのような自衛官を理想とするか？

理想とする自衛官になるために、今のあなたには何が足りないか？

理想とする自衛官になるためには、何をすべきか？

何を中心に書くか？

書き出しをどうするか？

どんなことを訴えるか？

文章構成をどうするか？

序論：

本論：

結論：

模範解答

私が自衛官を志すようになったのは、二〇一一年に発生した東日本大震災での自衛官たちの救助活動をテレビで見たことがきっかけであった。被災者のために懸命に活動する自衛官たちの姿を見て、私も将来、人のためになる自衛隊の仕事がしたいと思うようになった。

私はそれまで、自衛官に対してマイナスのイメージしか持っていなかった。自衛隊の存在自体に対し、否定的な考えを抱いていたせいもあるかもしれない。しかし、テレビに映し出される自衛官が、困難な状況において真摯に任務に取り組む姿を目の当たりにして、イメージがすっかり変わった。自衛隊は「攻める」ために存在するのではなく、「守る」ために存在しているのだということに気づいたのである。私は、自衛隊に対して「攻める」という偏ったイメージを抱いていたために、拒否反応を示していた

序論

解答例から学ぶ
レベルアップ講座

ここがポイント　ブレインストーミング

❶ なぜ自衛官になりたいと思ったのか？
❷ どのような自衛官を理想とするか？
❸ 理想とする自衛官になるために、今のあなたには何が足りないか？
❹ 理想とする自衛官になるためには、何をすべきか？

ここで差がつく　構成を見直してみよう

何を中心に書くか？
↓自衛官の使命や活動というものを理解したうえで、自分がなりたい自衛官の具体的な姿と、それに対する熱い思いと自分の行動。

書き出しをどうするか？
↓自分が見た具体的な自衛官の活動の様子から、それを見て、自分の自衛官に対する意識がどう変わったかにつなげる。

のだと思う。

自衛官の使命は、国の平和と独立を守ることである。自衛隊は他者を攻撃するための組織ではない。自衛隊が目的としているのは、国民を「守る」ことである。警察や消防では対応しきれない非常時には、自衛隊が出動し、人命の救助に当たることになる。二〇一六年の熊本地震の際には、地震災害という非常事態において、自衛隊の救助活動が住民に大きな安心感を与えたとも聞いている。

私は、以前テレビで見た自衛官たちのように、国民の生命と安全を守ることに全力を傾けることのできる自衛官になりたいと思う。そして、非常時に人々に安心感を与えるような存在になりたい。国民の生命と安全を守るということは、簡単なことではない。そのためには、高いスキルと多くの経験が必要になるだろうが、今の私にはそれが足りない。しかし、私は厳しい訓練に耐えてスキルと経験を身につけ、自衛官として国民のために尽くしたいと思う。私は、自衛官として国の安全と平和を守るため、精一杯の努力をしていきたい。

本論

結論

どんなことを訴えるか?

→国の平和と独立を守り、国民の生命と安全を守るという、決して簡単なことではない自衛官の使命に、全力を尽くし、精一杯努力をして取り組んでいく気持ち。

文章構成をどうするか?

→自分が自衛官を志すことになった具体的なきっかけから、自衛官に対して持っていたイメージの変遷を書く。そこから自衛官の活動や使命を理解したこと、そして、自分が理想とする自衛官像と、そこに向けての強い決意でまとめる。

課題 5

自衛隊の海外派遣について、どう考えますか、あなた考えを述べなさい

ブレインストーミング

自衛隊の海外派遣について賛成か反対か？

自衛隊は海外でどのような活動をしているのか？

自衛隊を海外に派遣することには、どのような意義があるのか？

海外派遣された場合、あなたはどのような姿勢で活動したいか？

MEMO

何を中心に書くか？

書き出しをどうするか？

どんなことを訴えるか？

文章構成をどうするか？

序論：

本論：

結論：

模範解答

自衛隊の最初の海外派遣は、一九九一年の湾岸戦争後のペルシャ湾での掃海活動であった。財政的な貢献だけでなく人的にも国際貢献すべきという論調が高まり、それに後押しされる形での海外派遣であった。以後、自衛隊は、インド洋での補給支援活動やソマリア沖・アデン湾における海賊対処など、海外に派遣されて活動している。

自衛隊が海外に派遣されることに対しては、賛否両論ある。特に、アジアの国々に対してかつて日本が侵略行為を行ったことから、軍事力を有する日本の自衛隊が海外に派遣されることに対して批判する人々もいる。しかし、日本の自衛隊は戦闘行為のために海外に派遣されるわけではない。また、その目的はあくまでも世界平和の構築である。後方支援活動などは戦闘行為への協力と解釈されることもあるが、災害派遣などといった人道

序論

解答例から学ぶ

レベルアップ講座

ここがポイント ブレインストーミング

❶ 自衛隊の海外派遣について賛成か反対か？

❷ 自衛隊は海外でどのような活動をしているのか？

❸ 自衛隊を海外に派遣することには、どのような意義があるのか？

❹ 海外派遣された場合、あなたはどのような姿勢で活動したいか？

構成を見直してみよう

何を中心に書くか？

→自衛隊の活動のひとつである海外派遣の重要性について、自分がそれに対してどう取り組みたいかということ。

書き出しをどうするか？

→自分が知り得る実際の自衛隊の海外派遣の状況と、それに対する社会の対応などから、世界平和の構築の

的な協力の仕方もある。

例えば、２０１８年のインドネシア沖で地震が発生したときに、日本の自衛隊は国際緊急援助活動として現地に派遣された。このような地震は津波も伴い、死者が多数になるだけでなく、救助も急を要することが多々ある。この地震災害に対して、インドネシア政府との調整を経て、自衛隊は国際緊急援助活動として被災地入りして、医療援助活動を行った。緊急援助物資としてテントや浄水器、発電機をはじめとする物資の輸送や、被災民及び援助関係者の移送等に従事した。

本論

自衛隊は、国と国とをつなぐ懸け橋となる可能性を秘めている。人道復興支援活動や国連平和維持活動、国際緊急援助活動などによる人と人との触れ合いを通して、アジア諸国との信頼構築につながるはずである。私も、一自衛官として、国と国、人と人をつなぐ懸け橋になりたいと考えている。平和憲法という美しい憲法を持つ日本だからこそできる国際貢献のあり方が、きっとあるはずである。その方法を模索していくことで、日本は世界でその存在感を増していくのではないかと私は考えている。

結論

ためだという海外派遣本来の目的につなげる。

どんなことを訴えるか？

↓海外派遣は国と国をつなぐ架け橋となり、それはまた人と人との懸け橋になり、世界平和のための国際貢献として評価され、日本も世界の中で存在感を増してゆくと考えていること。

文章構成をどうするか？

↓自衛隊の海外派遣の具体的な例をいくつか書いたのち、社会の反応とそれに対する自分なりの考えを述べる。その考えの根拠を明確にし、自分の思いを踏まえながら、海外派遣の重要性と自分の考えでまとめる。

編集協力　小松杏里
装幀・デザイン　鈴木明子（saut）
イラスト　わたなべじゅんじ
DTP　株式会社　エヌ・オフィス
監修協力　佐々木丈裕（内定スタート面接塾塾長）

出題傾向と模範解答でよくわかる！
自衛官試験のための論作文術 改訂版

編　者　つちや書店編集部
発行者　佐藤 秀
発行所　株式会社 つちや書店
〒113-0023　東京都文京区向丘1-8-13
電話　03-3816-2071　FAX 03-3816-2072
HP　http://tsuchiyashoten.co.jp
E-mail　info@tsuchiyashoten.co.jp
印刷・製本　日経印刷株式会社

落丁・乱丁は当社にてお取替えいたします。

©Tsuchiyashoten, 2023 Printed in Japan.

本書の内容の一部あるいはすべてを許可なく複製（コピー）したり、スキャンおよびデジタル化等のデータファイル化することは、著作権上での例外を除いて禁じられています。また、本書を代行業者等の第三者に依頼して電子データ化・電子書籍化することは、たとえ個人や家庭内での利用であっても、一切認められませんのでご留意ください。この本に関するお問い合わせは、書名・氏名・連絡先を明記のうえ、上記FAXまたはメールアドレスへお寄せください。なお、電話でのご質問は、ご遠慮くださいませ。また、ご質問内容につきましては「本書の正誤に関するお問い合わせのみ」とさせていただきます。あらかじめご了承ください。

2311-1-1